指　算──かけ算

乗法九九の中の 5×5 までを記憶していれば，15×15 までの計算が，指でできる計算法。

〔例1〕　**7 × 8** の計算

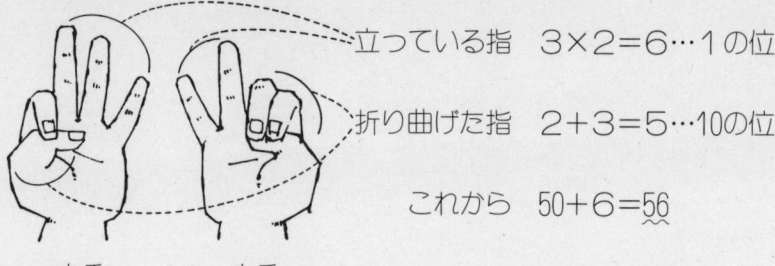

立っている指　3×2＝6…1の位
折り曲げた指　2＋3＝5…10の位
これから　50＋6＝56

〔例2〕　**6 × 6** の計算

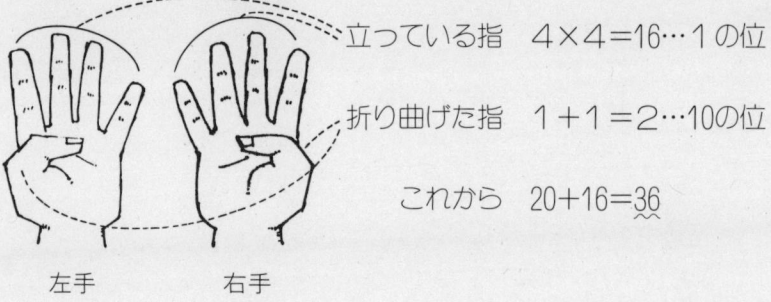

立っている指　4×4＝16…1の位
折り曲げた指　1＋1＝2…10の位
これから　20＋16＝36

〔例3〕　**12 × 14** の計算

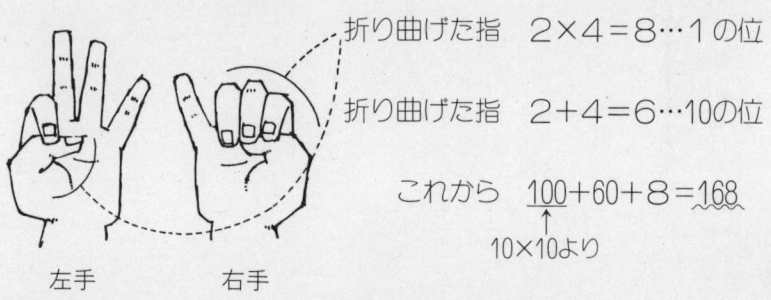

折り曲げた指　2×4＝8…1の位
折り曲げた指　2＋4＝6…10の位
これから　100＋60＋8＝168
　　　　　　↑
　　　　　10×10より

イタリア「計算」なんでも旅行
ピサの斜塔で数学しよう

仲田紀夫

黎明書房

この本を読まれる方へ

　《計算》は，算数・数学の基礎学力として重要なものです。
　この計算は，人間が社会生活をして物の個数を数える必要が起こると間もなく誕生し，文化をもち，また他の民族と通商するようになると急速に発展していったと考えられます。
　その意味で計算は，最も古い文化（学問）の1つということができるでしょう。
　6000年，7000年といわれる人間社会で，この間の計算の歴史をみると，躍動する社会において"計算"が必要とされ，いちじるしく進歩していることがわかります。
　本書でとりあげる北イタリアの都市は，その代表的なものといえるでしょう。
　ベネチア，ジェノバ，フィレンツェ，ピサ，ミラノ，ボローニアなどがその中心地です。

　日本でも，江戸時代の初期や明治の初めなど内外の通商に燃えたときは，ソロバンが普及したり，計算法の教育が行き渡ったりしています。

「計算の発展というけれど，昔は今と違う方法で計算していたのかな？」と，ちょっと不思議に思うかも知れません。そこで 25×37 といったかけ算を考えてみると，そのやり方は，

 (1) 指算（指を使う）や石を用いる
 (2) 倍加法という方法による
 (3) 鎧戸法（よろいど）という方法による
 (4) 電光法という方法による

と発展して今の方法になっているのです。かけ算1つとってもそう簡単なことではないんですね。（わり算はもっとたいへん）

```
今の方法
    2 5
  × 3 7
  ─────
   1 7 5
   7 5
  ─────
   9 2 5
```

鎧戸法（よろいど）（P.139参照）

　北イタリアの諸都市が11～13世紀の十字軍遠征時代と，15～17世紀のルネサンス・大航海時代に繁栄し，当時の，たくさんのしかも桁（けた）の大きな数の処理の必要から上手な計算法が発展したことを私はいろいろな本で読んで知ってはいましたが，本書の執筆に当たり，この目でその諸都市を見，他人の本の寄せ集めではなく，私の発見や創案によるオリジナルなものを書こう，ということでイタリアだけで4回の数学探訪旅行をしました。

　例によって珍しい写真もたくさん撮り，本文に載せてあります。"計算"というものを本書を通してもう一度見直して下さい。なお，今回の新装・大判化にあたり，若干の手直しをしました。

　紀元前5世紀に対立した『正論』のクロトン，『邪論』のエレアについては，機会を改めて紹介したいと思います。

  2006年6月   著　者

この本の読み方について

　数字の形や計算のしかたが，現在の教科書のようになったのは数学の歴史からみると，比較的最近で，せいぜい500年ほど前のことです。

　このように言うと，「でも，算数・数学は6000年以上も昔からあったんでしょう。その頃はどうしていたんですか？」という質問や疑問をもつ人がいるでしょう。とてもよい疑問です。

　大昔の数字は，単なる"刻み"の個数で数を示す（下の表）ことが多く，現在のような位取り記数法ではないため，加法・減法はまだ計算しやすいものの乗法（かけ算）・除法（わり算）となると大変困難でした。そこで乗除計算用にいろいろな道具（石，小枝，貝など）を用いました。

　本書では時代の流れにそって章を立ててありますが，これは同時に計算発展の順でもありますから，人間社会と計算とが深くかかわっていることを味わいながら読んだり，「できるかな？」の問題に挑戦したりして楽しんで下さい。

シュメール（B.C.5000年頃）の数字　　　　　　（楔形数字）

エジプト（B.C.2500年頃）の数字　　　　　　（象形数字）

ギリシア（B.C.2000年頃）の数字　　　　　（数の名の頭文字）

| Ι | ΙΙ | ΙΙΙ | ΙΙΙΙ | Γ | …… | Δ | Η | Χ |

ローマ（B.C.100年頃）の数字

| Ⅰ | Ⅱ | Ⅲ | Ⅳ | Ⅴ | …… | Ⅹ | Ｃ | Ｍ |

目　次

この本を読まれる方へ ………　 I
この本の読み方について …… 　3
各章に登場する数学の内容 … 　8

1　数と計算 ………………………………… 9
　　　　──ピ　サ

　1　計算の記号 ……………………………　 9
　2　数字の活躍 …………………………… 14
　3　計算の方法 …………………………… 18
　4　躍動社会と計算 ……………………… 25
　ƒ　できるかな？ ………………………… 27

2　《十字軍》と計算の必要 …………… 28
　　　　──ベネチア，ジェノバ

　1　十字軍の成立 ………………………… 28
　2　遠征の経路 …………………………… 30
　3　商業活動と計算 ……………………… 32
　4　複利計算と積算 ……………………… 35
　ƒ　できるかな？ ………………………… 44

目 次

3　インド式計算の輸入 ……………………… 45
　　　——ピ　サ

　1　ピサのレオナルド …………………… 45
　2　『計算書』の中味 …………………… 53
　3　インド記数法と計算 ………………… 61
　4　パチリオの『算術書』 ……………… 65
　♭　できるかな？ ………………………… 66

4　ルネサンスと数学 ………………………… 67
　　　——ミラノ，フィレンツェ，フェラーラ

　1　北イタリアとルネサンス …………… 67
　2　『東方見聞録』 ……………………… 71
　3　地図作り ……………………………… 74
　4　透視図法 ……………………………… 77
　♭　できるかな？ ………………………… 79
　休憩室　ロメオとジュリエット ………… 80

5　大航海時代の計算師 ……………………… 81
　　　——ジェノバ

　1　新しい航路の発見 …………………… 81
　2　計算師の登場 ………………………… 84
　3　速算術の発展 ………………………… 89
　4　新しい数学の創造 …………………… 93
　♭　できるかな？ ………………………… 102

5

6 《方程式》のオリンピック ……………… 103
　　　——ボローニア

　1　方程式の歴史 …………………………… 103
　2　方程式の解法競争 ……………………… 116
　3　方程式から誕生した数 ………………… 123
　4　方程式の利用 …………………………… 127
　♭　できるかな？ …………………………… 130

7 記号と数学の発展 ……………………… 131

　1　記号の分類 ……………………………… 131
　2　図形の記号 ……………………………… 134
　3　文字の計算 ……………………………… 136
　4　記号の計算 ……………………………… 140
　♭　できるかな？ …………………………… 142

8 賭博師の計算―確率― ……………… 143
　　　——ベネチア，ジェノバ，ピサ

　1　一攫千金の夢 …………………………… 143
　2　偶然の数量化 …………………………… 145
　3　『場合の数』の数え方 ………………… 149
　4　確率とその計算 ………………………… 155
　♭　できるかな？ …………………………… 162

目　次

❾　数と計算が教える！ ………………………… 163
　1　生きた数表——統計 ……………………… 163
　2　動く数のルール——関数 ………………… 168
　3　数と計算の図化 …………………………… 173
　4　美しく楽しい計算 ………………………… 182
　∫　できるかな？ …………………………… 192

　　　∫　"できるかな？"などの解答 …… 193

　　　　　　　　　　　イラスト：三浦　均

各章に登場する数学の内容

章　名	おもな数学の内容	
	中学校の内容	ややレベルの高い内容，他
1 数と計算	○演算と数の種類 ○いろいろな数字の加法・乗法	○二項演算 ○一項演算
2 《十字軍》と計算の必要	○商業活動と数学 ○複利計算 ○積算の工夫	○数列の和（級数） ○等比数列
3 インド式計算の輸入	○一次方程式 ○九去法 ○記数法	○フィボナッチ数列 ○黄金比（二次方程式）
4 ルネサンスと数学	○古い地図 ○透視図法	○遠近法
5 大航海時代の計算師	○計算記号の歴史 ○速算術 ○小数の誕生と表現	○対　数 ○行列，ベクトル
6 《方程式》のオリンピック	○一次方程式 ○連立方程式 ○二次方程式の解の公式 ○方程式から生まれた数 ○方程式の作図解	○無理方程式 ○三次方程式，四次方程式の解の公式 ○複素平面 ○連分数 ○線形計画法（L.P.）
7 記号と数学の発展	○いろいろな記号 ○計算の工夫と発展 ○記号を使うルール	○集合演算
8 賭博師の計算 ―確率―	○場合の数 ○確　率	○ $_nP_r$, $_nC_r$ ○ $n!$ ○期待値
9 数と計算が教える！	○統　計 ○関　数 ○三角数，四角数 ○楽しい計算	○相関関係，相関図 ○計算図表 ○計算の証明

1

数 と 計 算
——ピ サ

1　計算の記号

「サーテ，何から話をすることにしようかな。」

お父さんはスーツケースを開けながら言いました。中をのぞきこんでいた澄子さんが，

「頼んでおいたベネチア・グラスとグッチのバッグを買ってきてくれた？」

すると，兄の克己君も負けずにのり出して言いました。

「ぼくには，ピサの斜塔のミニチュアを買ってきた？」

「買物嫌いのお父さんでも，2人から頼まれたものはまっ先に買ってきたから安心してくれよ。

これがそれだ。（と渡しながら）

夢にまでえがいたベネチア（ベニス）もそうだが，ピサの斜塔は感動的だった。

斜塔がポツンと立っているのかと思ったら，広い芝生の土地の中央に礼拝堂，左に洗礼堂そして右に斜塔があるんだよ。いっぱいの人でね。ちょうど復活祭だったということもあるんだが……。」

斜塔のミニチュア

「ピサは斜塔を見るのが主な目的ではなかったんでしょう？」
「でも，ピサ大学の教授で数学者でもあるガリレオ・ガリレイが"落体の法則"を斜塔を使って実験したっていう話があるから，そのことを調べる目的で行ったんでしょう。」

2人がお父さんに質問しました。

「克己の考えていることも1つあるが，実はもっと大きな目的があった。

それは，13世紀初めの商人ピサのレオナルドについての調査だ。彼は"近世ヨーロッパ数学の開祖"と呼んでよい人といえる。

彼についてのくわしいことは，第3章（P.45）で話をするので，ここではお父さんが興味をもった点だけ話をしよう。

当時のヨーロッパでは，使われた数字がP.3で示したような桁記号記数法といわれるもので，計算をするのには大変不便なものだった。ピサのレオナルド（フィボナッチ）は商人の子として生まれ，自分も商人になってエジプト，ギリシア，アラビア等の各地を回っているうち，インド—アラビア式数字による位取り記数法がもっとも優れていることを知り，それによる計算法の本『Liber Abaci』（計算書）を1202年に出版した。

これはたちまちイタリア商人たちに読まれ広く伝えられただけでなく，その後約500年間計算書の古典，原典となった名著だった。」

フィボナッチの石像

1　数と計算

「お父さん，ずいぶん熱が入るわね。」

澄子さんがひやかしました。

「そうだよ。今回の旅行の6割位がフィボナッチの研究においていたからね。そこでどうしても生地を訪ねたくて，現地案内人にがんばってもらったんだよ。」

克己君が不思議そうな顔をして，

「ということは，ピサの町の人はフィボナッチのことを知らないの。」

「数学界では世界的に有名な人なのに，町のいろいろな人にたずねても知らないので，こちらがびっくりしたね。でも考えてみれば700年も前のこと，日本だと源頼家(頼朝の子)の頃だから大昔なんだよ。それに13世紀末にはジェノバやフィレンツェとの戦に破れてもいるしね。町もいろいろ変わったからだろう。

しかし，"フィボナッチ通り"というのがあると聞き，期待しながら警察署を訪ねたら，ついにその生地がわかった。」

「イタリアへ行ったかいがあってよかったわね。」

「あまり時間がないので，あきらめようとしていたところだったのでうれしくてね。生地の道路をへだてたところに公園があり，その中に左のようなフィボナッチの石像が立てられていた。

「お父さんが，日本人として最初に見た人かも知れないナ。」

「じゃあ，この写真はすごく貴重なものですね。ところで，フィボナッチの書いた『計算書』の中味はどういうものがあるの？」

数学好きの克己君が大変関心を示しました。たしかに，700年前のレベルには興味が湧きますね。

「これも第3章でとりあげることにしよう。1つだけ言うとね，2人ともビックリするだろうが，この本には，記号＋，－，×，÷などはないんだよ。」

「エ‼　では，こういう記号はいつ頃できたの？」

「＋，－，×，÷の記号がない時代は，数式をどうやって書き表わしたの？」

「算数や数学は6000年以上も前からあったのに，どうして計算記号ができなかったのかナ。」

「だとしたら，この記号はいつ頃，どういうきっかけで誕生したのかナ。」

2人は，いろいろと思ったことを言い合っています。

あなたは，この"記号"についてどのように考えますか？

「お父さんも記号に関心をもちこの点に気づいたとき，2人と同じようにいろいろな疑問をもったものだよ。

一言で言えば，記号ができる以前の時代では，数式もていねいに文章で書いていたんだ。ところが15世紀頃から複雑な計算を出来るだけ早く処理しなくてはならない社会情勢になったね。」

「私わかったわ。15世紀といえばルネサンスに続く大航海時代でしょう。ヨーロッパ各国が活動しだした時代ですね。」

文科系の澄子さんは，歴史にもくわしいので楽しそうにしゃべりました。

「なかなか良い点に気づいたね。現在の学校の教科書に出てくる演算記号の大部分は，この15～17世紀に創案されているんだ。」

「しかも，その出発点が北イタリアというわけ，ということでしょう。お父さんが北イタリ

最初の＋，－
ウィドマンの算術(1489年)の1526年版から写したもの。

1　数と計算

ア旅行をしたがった意図が大分わかってきましたよ。」

ニヤニヤしながら克己君が言います。

「このこともあと

和算（江戸時代の数学）18世紀頃
加法　減法　乗法　除法
甲　甲　甲乙　乙甲
仁　忙

でくわしく話をするが，＋，－の記号は1480年にできている。日本が世界に誇る『和算』でも上のように演算記号を使っている。日本人もなかなか才能があるね。」

「計算の能率をあげるには，できるだけ言葉の文章はやめて簡潔，明瞭な記号を使うのがいいってことですね。そういえば街の交通標識などほとんど記号ですね。」

「お父さんはイタリア語の数詞(右)の1つもおぼえられなかったが，イタリア語を知らなくても道路標識はわかるから記号はありがたかったよ。」

1 ―uno
2 ―due
3 ―tre
4 ―quattro

北イタリアの街で見た種々の標識記号

2　数字の活躍

「数を表す方法として数字があるね。ところで"数"には3つの働きがあるが知っているかい。澄子どう？」

「エエト，1つは順番を表すのに使う。もう1つは集まりの全体を表わすのに使う。それから……。」

「ぼくが言うよ。電話番号とか車の番号などのような使い方でしょう。」

「そうだね。数学の用語で言うと，

　　　順序数，　　　　　集合数，　　　　　　　分類数。

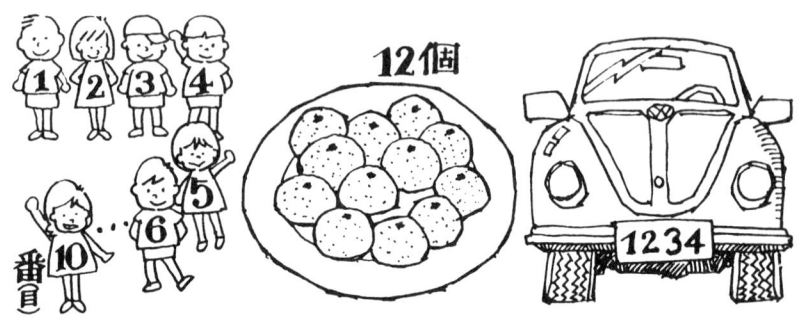

しかし，数が数のままではあまり役に立たないだろ。そこでどうしたと思う？」

「数をたしたり，引いたりしたんでしょう。」

「そうだね。化石のような数では不便だよ。たとえば，いま，お父さんが8個，克己が5個，澄子が2個リンゴを持っていたとき，これを1つ1つおぼえるのはめんどうだ。そこで，8＋5＋2のたし算をして15個とすれば，おぼえやすいね。」

「数，つまり，"数字の活躍"が始まると，数学が世の中で役立つということか。」

「たしたり，引いたりの操作を"演算"といい，演算に従っ

1 数と計算

て答を出す仕事を"計算"という。

そこで、＋，−，×，÷などの記号は正しくは"演算記号"と呼ぶんだよ。

右の図でわかるように、演算の種類がふえていく

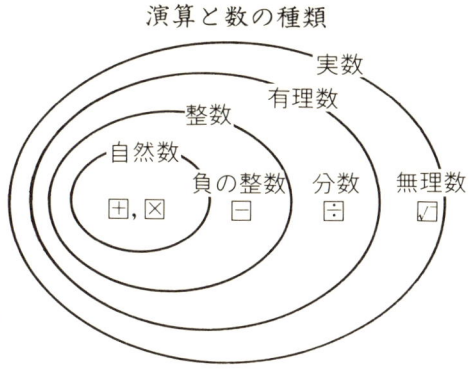
演算と数の種類

ことによって数の種類がふえていっていることがわかるだろう。」

「ああ、こういう見方をするんですか。今までは、計算は計算、数は数と別々に考えていた。おもしろいナ。」

克己君とともに、澄子さんもおもしろい考え方だと感心していました。

「19世紀の代数学者クロネッカーは熱心な整数論者で、"わが愛する神は整数（自然数）を創り給うた。それ以外の数はみな人間が作ったものだ。"

という有名な言葉を残したが、演算が人間の所産であり、それによってたくさんの数が誕生した、というわけだ。」

詩の好きな澄子さんが、

「数学者って意外にロマンチックなんですね。」

と言いました。

"真の数学者は詩人の心を持たなければならない"という言葉もあるんですョ。あなたは知っていますか？

クロネッカー　L. Kronecker
（1823〜1891）ドイツ

「演算についてその関係を調べるのもおもしろいんだよ。たとえば，乗法というのは，同じ数を何回も加えるのを能率良くする方法だし，減法は $a+x=b$ の x を求めるための $b-a$ という加法の逆演算（逆算）だね。また，除法は同じ数を何回も引くのを能率良くする方法だ。そこで，これらの関係をまとめてみると下のようになる。知っておくと便利だよ。

演算の基本型

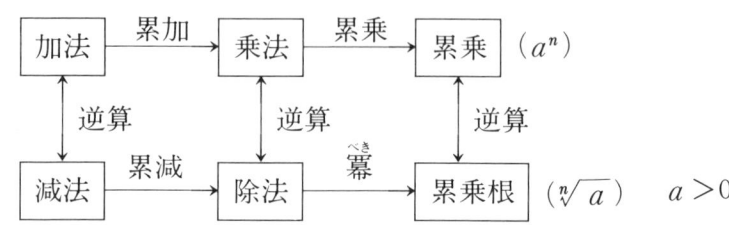

演算というのもうまくできているだろう。」

大変興味をもった克己君は，

「演算は上の6種類ですか？」

と質問しました。お父さんは，

「まだいろいろあるサ。2人が知っているものでもあと5つや6つはあるだろうね。」

2人は四則演算があること，つまり加減乗除が計算の基本であることは小学校時代から知っていましたが，その他にまだ習っているはず，といわれて考え込んでしまいました。

「ふつう演算というと"2つの数から第3の数を創る操作"をいうんだよ。そう広く考えると
何か気がつかないかな」

$$a \text{※} b = c$$
↑
操作

「わかった！」

と澄子さんが大きな声を出しました。

「平均というのがそれでしょう。どう，お父さん！」

1　数と計算

「スゴイね。よく気がついた。そうだよ。するとまだあるね。」

「ええ、最大公約数や最小公倍数を求めるのも演算でしょう。」

「澄子ちゃん、今日は頭が冴えているナ。ぼくも考えついた。100ｍ走で記録タイムの小さい方を勝ちとする、とか、走り幅とびで記録の大きい方を勝ちとする、なんてどうですか？」

「なかなかおもしろい着想だね。社会生活でもそういうのはある。たとえば建築工事などの入札では"小さい方"（安い見積り）が、競売などでは"大きい方"（高い値段）が勝ちだ。広くいうとこれも演算と見ることができる。

それから高校で習う微分や積分も演算だよ。」

「でもお父さん、微分、積分は $a ※ b = c$ という2つの数から第3の数を創る操作ではないでしょう？」

高校2年生の克己君は不思議に思いました。

「$a ※ b = c$ のタイプを二項演算といい、微分、積分のタイプを一項演算というんだ。

```
┌─── 一項演算 ───┐
│ 微 分  $(4x)' = 4$     │
│ 積 分  $\int 2dx = 2x + c$ │
│ 絶対値  $|-3| = 3$     │
│ 累 乗  $5^2 = 25$      │
│ 累乗根  $\sqrt{9} = 3$   │
│        $\sqrt[3]{8} = 2$ │
│ 階 乗  $3! = 3 \times 2 \times 1$ │
│            $= 6$       │
└──────────────┘
```

一項演算には、澄子も知っている絶対値とか累乗、平方根などがあるし、右にまとめたように沢山あるよ。」

「演算とは"数をふやす仕掛人"というわけですね。

それにしても、演算といえば加減乗除だけと思っていたので、こんなにいろいろあるなんてビックリしたわ。」

「さすが文学少女だね。"数をふやす仕掛人"なんてピッタリの表現だ。これからお父さんも、この表現を使わせてもらうことにしよう。」

「＋，－，×，÷という演算の記号がなくても，演算そのものは大昔からあったのだ，ということはわかりました。では，演算がきまり，いよいよ計算ということになりますが——。」

3 計算の方法

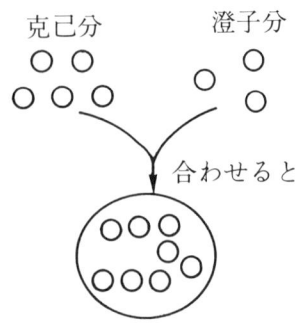

「そういうことになるが，少しの数なら右のように2つをまとめて，初めから数え直せばいいが，たくさんあったときや，鳥や動物のように動いてしまうもの，タイコの音のようにすぐ消えてしまうものなどの計算は簡単でないね。

さて，ここで2人にタイムトンネルに入ってもらい，6000年位昔の人になってもらおう。

たし算，引き算の計算はどうやったらいいだろうね。」

2人は未開人になったつもりで，いろいろ話し合っています。

あなたは，計算の方法として何を考えますか？

しばらくして澄子さんがしゃべりはじめました。

「身近なものを計算の道具にしたと思うわ。たとえば，指，石，小枝，貝，骨そんなものを並べて数えたんでしょう。」

「まず最初はそんなところだろうね。少し進歩すると縄にタンコブ（結び目）をつけて，ものを数えるのに用いたりしているね。

1　数と計算

　さて，このタンコブ方法が石や小枝を使うのより進んでいる点は何だと思うかい？」

　2人は考えていましたが，どうもわからないようです。たまりかねて澄子さんが答を求めました。

　「よし，それでは教えてやろう。石や小枝などだと，移動させたときや風などで動いてわからなくなってしまうだろう。一度おいたものが動かないような工夫が必要になるんだ。

　動かないようにする方法は，縄のほか，いろいろある。たとえば，

(1) 小石を大理石　　(2) 小石を串　　(3) カード（数取
　　のミゾに並べる　　　ざしにする　　　り札）を用いる

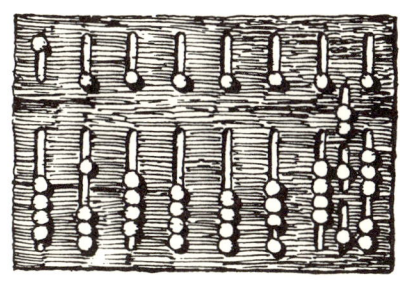 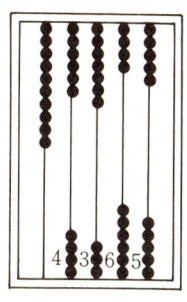 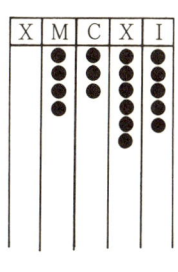

などがあり，これらは古代のギリシア人，ローマ人，中国人などが用いている。広く"計算板"といわれるものさ。」

　「お父さん，もっといい方法があるわよ。紙を使った"筆算"というのはどう。まだ，どの民族もやらなかったの？」

　「またまた，澄子がよい質問をしてきたね。このことについて，克己はどのように考えるかい。」

　「難しい問題はみんなぼくのところにくるんだから………。紙がまだ発明されていないか，とても高いか。紙がなくても羊皮紙や竹の皮，木の板もあったろうし。バビロニア人なんか粘

土を使っていたでしょう。書くもの，紙の代用品に困ることはなかったと思うけれど。どうなんですか？」

「いい線までいっているよ。しかし，根本的な問題に目がいっていない。

実は，古代のどの民族も数を表わすしくみ（記数法）が"筆算"に向いていなかったのさ。そこで前に示したいろいろな計算板を工夫し，それを使って計算したというわけだ。

この計算板は，abacus（アバクス）と呼ばれたが，語源のabaci というのは小石のことだよ。用語というのはおもしろいね。

この計算板は，日本の算盤（そろばん）の先祖なのさ。

さて，これもあとでくわしく話をするが，13世紀にフィボナッチが筆算法の本『計算書』（Liber Abaci）を出したあと，ヨーロッパ商人の間に急速に"筆算"が広まったが，一方では，昔ながらのアバクス支持者も多く，新しい筆算派と古い算盤派とは，ときには対決して速さ，正確さを競ったりして延々18世紀頃まで相い争ったという（P.64参照）」

澄子さんが不思議そうな顔をしながら，お父さんのお話を聞いていましたが，やがて次のような質問をしました。

「いまの小学校では，整数（自然数）の加法，減法は2年生，乗法九九は3年生で，除法だって簡単なのは3年生でやっているでしょう。

こんなにやさしいことがどうして昔はそんなに大変だったのかナ——。」

「それが文化，文明というものだね。今から100年も前を考えると人工衛星はもちろん，自動車，航空機もないようなもので，算数・数学の世界でもコンピュータ，電卓はもちろん，よい計算法さえなかったのさ。ふしぎみたいだけれど。

1　数と計算

　16世紀の宗教改革時代でさえまだ，大学で乗法，除法が教えられていたというし，乱世時代の民族，国家では，乗法九九ができたら，ちょっとした数学者だといわれた時さえあった。
　今日からいえば，レベルが低かったのだよ。」
　「へえー，驚いた。その頃私が生きていたら，大数学者といわれたわね。残念だったナー。」
　「この話で，計算の発達がいかにゆっくりしていたものかがわかったけれど，それは何が大きな原因だったのですか？」
　「最大の原因は，古代各民族の用いた"桁記号記数法"（P.3参照）がもつ欠点によるといえるだろう。次に，そもそも"計算"というのが本質的に大変な作業なのだ，ということだ。
　乗法，除法の基礎になっている乗法九九だって，2人はおぼえる苦労はもう忘れたろうが，毎日続けて1年間以上かけて暗誦した末にやっとおぼえたんだよ。大変な時間と労力を必要としている。だから『計算はなんでもない，やさしいもの』ではないのさ。
　お父さんのお説教じみた話では2人にとって実感がないだろ

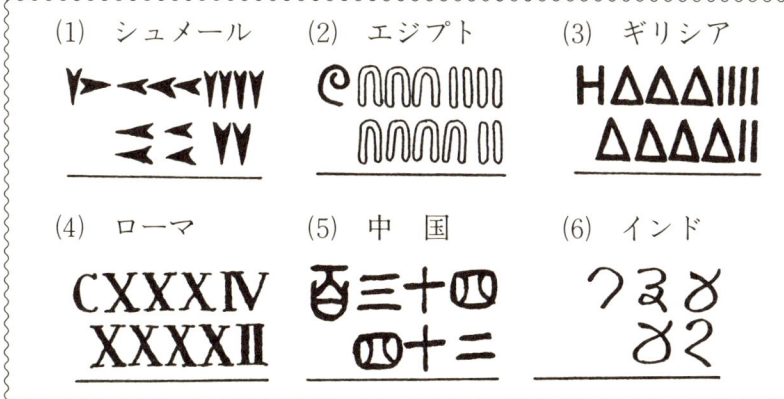

（もちろん，古代の計算にはこんな縦書きの方法はない）

うから，大変さを体験してもらおう。
　いま，前のページに古代文化民族6種類の数字が書いてあるが，それぞれ上下の2数について，たし算とかけ算をして答を出してみよう。
　これらを現代風に書くと，右のようになるね。
　では(1)〜(6)の計算をしてごらん。」　　　１３４
　「お兄さんは計算が強いから，かけ算　　　　４２
の方をやってね。私はたし算をやるワ。」
　澄子さんは，チャッカリと易しそうな方を選んでさっさと計算を始めました。
　では，あなたも一緒にやってみて下さい。
　ニコニコしながら澄子さんが顔を上げていいました。
　「お兄さんまだできないの，私はインドを除いてできたわ。お父さん！　インド数字の6と7の書き方を教えてよ。」
　克己君はカッカしています。
　「たし算は，(1)〜(4)の場合，一位，十位の数字の個数を数えてその分だけ並べればいいんだから，幼稚園の子でもできるさ。
　ところが，かけ算の方は……。どうやっていいのかわからないよ。」（注）ローマ数字で6は，Ⅵ。
　「一般的には，計算のためには0を用いたインド式位取り記数法が優れている，というが，必ずしもそれは正しくないね。
　簡単な数の範囲では，古代の方法（桁記号記数法）が加法，減法で優れているといえるんだね。見捨てたものではないのさ。
　だから，これがいつまでも支持された理由だともいえる。
　一方，乗法，除法になると，克己が体験したように困難なのだ。これをのりこえる工夫が道具による方法だったのさ。
　"計算板"が生まれた背景には，乗除計算の障害があったか

らだね。
　ところが，インド式位取り記数法だと，加減はもちろん，乗除計算もうまくできるという長所があるのだ。
　商人フィボナッチは，各地を回って視野や知識が広いから，このことに気づいたのだろうが，素晴らしいことだね。
　桁記号記数法では記録用数字とし計算はアバクスでやったが，位取り記数法では，その両方を同時にもち合わせていることを知っていたというわけだ。」
　「アッ，わかった！」
　突然，克己君が大きな声を出しました。
　「計算板，つまり日本のソロバンは，実は位取り記数法と同じ構造なんですね。
　だから加減はもちろん乗除計算にもつごうがいいわけだ。
　でもなぜ，古代人は0を使った位取り記数法を採用しなかったのかな？」

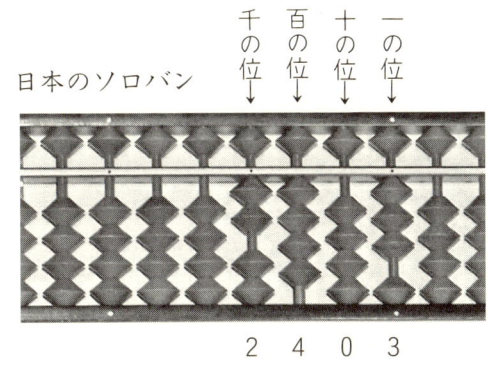

日本のソロバン
千の位　百の位　十の位　一の位
2　4　0　3

　「これは"刻み"的な数の表わし方が極めて自然な方法なので，古代文化民族はみなその方法によったからだ。"計算"の面から考えると，インド式の0による位取り記数法が良いことを知らされるね。ただ，何も無いものに対して0という数字を与えることは本来はとても不自然なことだろう。」
　「古代のシュメール人やアメリカ大陸のマヤ人も0をもっていた，と何かの本で読んだけれど，インド人のと違うの？」
　「いい疑問だね。"何も無い"ものに対して記号をつけて表

わそうという考えは大変高級なものなんだ。インド人の0が，シュメール人やマヤ人と根本的に違うのは，無いものの印でとどまらないで0を"数"としたことにある。」

「0を数にした，というのはどういうことなの？」

と澄子さんが聞きました。

あなたは"印の0"と"数の0"とはどう違うかわかりますか。

「たとえばね，ものを半分にした$\frac{1}{2}$や5つに分けた3つ分の$\frac{3}{5}$などは分割分数といって，正式の"分数"ではないんだ。$\frac{1}{2}$，$\frac{3}{5}$を自然数と同じように大小や四則計算に使うようになって初めて，"数"と認めるわけさ。

計算の対象としたとき分数が"数としての市民権を得た"といういい方をしている。

0の場合も同様で，0＋5，0×3などのように計算の対象にまでしたとき，"0が数になった"といえるのだよ。

インド人は，シュメール人やマヤ人と違い，0をそこまで高めたが，この点が優れていたわけだね。」

「位取り記数法がうまくできているので筆算ができるのだ，とはいうものの，やはり速さには限界があるから，少しでも早く計算するために，いろいろな計算具や計算器，計算機が考案されているんでしょう。」

「そうだよ。いろいろの器具，機械があるが，17世紀のフランスの数学者パス

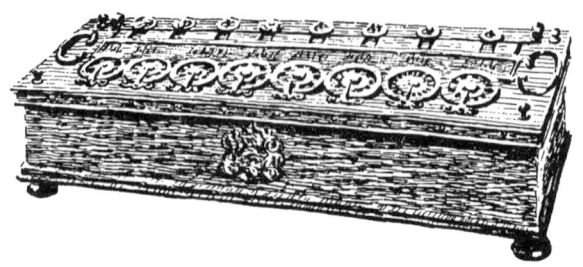

パスカルの計算機
加法と減法を行うもので，パスカルが19歳の時に創案した。

カルの計算機を紹介しよう。

　彼のお父さんは税務所の役人で，毎日めんどうな計算に苦心しているのを見て，少しでもらくにしてあげようとして，計算機を考案したと伝えられている。

　お父さんも，こんな親孝行の子をもちたいよ。」

4　躍動社会と計算

　「私は歴史に興味があるので，さっきお父さんの言った"活気のある躍動した社会で，計算の技術が発達する"という意味をもう少しくわしく聞きたいわ。」

　「うん，これはお父さんにとっても研究課題なので，ジックリと考えてみたいし，2人に説明もしてあげたいよ。

　再び，タイムトンネルといこうか。

　世界四大文化発祥の地を知っているね。」

　「ええ，ナイル河のエジプト文化，チグリス，ユーフラテス河のシュメール文化，インダス河のインド文化，黄河の中国文化ですよね。みな大きな河の周辺に起こっているわ。」

　「人々が農耕生活を始めると土地に定着するし，その人々の中から首長が出て政治をおこなうようになるだろう。このとき為政者が人民を支配，統治するのに必要な技術がいくつかある。

　○農業に関する暦を作る

　○農耕のための土地測量や土木灌漑工事

　○租税徴集や給与支払い

　○遺産相続に関する事柄

　○支配している社会の運営

など，すべてのことについて"計算"が必要とされる。だから四大文化の地でなくて小さな集団でも，人間社会が生まれる

と計算が必要とされ発展していくね。

　しかし，この段階では一般庶民には計算はそれほど必要がなかった。全部，御上(おかみ)や御役人にまかせておけばいいからね。」

「一般庶民が計算を必要とするのはどういう場合ですか？」

「歴史好きの澄子としては，どんな社会を想像するかナ。」

「人々がものの売買をしたり，近隣の民族と通商したりするときかな。お兄さんどう思う？」

「庶民が計算するときっていえば，やはり売買のときぐらいじゃあないのかな。」

「そもそもは貨幣経済が起こり，商業活動が盛んになることと深くかかわっている。ただし，その社会が封建制だと庶民がいくらもうけても生活がある一定限度でおさえられているから金が役に立たないだろう。そうなれば商業活動は低く庶民の計算力も高まらない。つまり，自由社会であることが庶民や社会の計算力を発展させることになる。

　よくね，算数・数学なんか勉強しても何の役にも立たない，というけれど，社会の体制とそこに生活する庶民の計算力とは深い関係があるんだよ。」

「算数・数学に対して，おもしろい見方ができるんですね。」

澄子さんは興味を示しています。

「日本の社会を例にとると，奈良時代（8世紀）の初め，唐と通商があって世の中が活気を呈し，銀銭，銅銭—和同開珎—が使われて庶民が動き出すと，町かどに計算を引き受ける「算所」が出来，『算置』という計算専門家が生まれた。これは15世紀のヨーロッパに『計算師』が出て，まだ計算がうまくできない人のために計算をしてやる職業があったのに似ているね。

　それから江戸時代の初め(17世紀)，中国からソロバンをもっ

って帰国した"和算の開祖"毛利重能が京都に計算塾を開き，門に『天下一割算指南所』の看板を出した。当時諸外国の船が通商に来て活気があったので，商人たちが計算できるようになるためソロバンを習いに来て，門弟数百人といわれるほどの大盛況だったというよ。」

「商業活動が盛んになるということは，品物の売買の計算だけではなくて，金の貸借や利息，あるいは利益の配分など，相当複雑な計算へと発展していくわけでしょう。」

「澄子も大分わかってきたようだね。歴史をこういう見方でみるのもおもしろいだろう。お父さんが北イタリアに研究旅行で行ったのは，まさにその点についてなんだ。

話の準備段階が済んだから，次（第2章）から本格的な話に入ることにしようね。」

♪♪♪♪♪ できるかな？ ♪♪♪♪♪

イギリスのボールが，1913年数学雑誌に，
"4を4回使って1から1000まで作ったが，その中で，
　　113, 157, 878, 881, 893, 917, 943, 946, 947
の9個がまだできていない。"
と投稿したという。ここであなたに挑戦してもらおう。

1から25までを例にならって作ってみよ。

（例）　$4+4-4-4=0$
　　　　$4 \div 4-(4-4)=1$

また，$+$，$-$，$\times$，$\div$，$(\ )$のほか，右の演算記号を適当に用いてもよい。

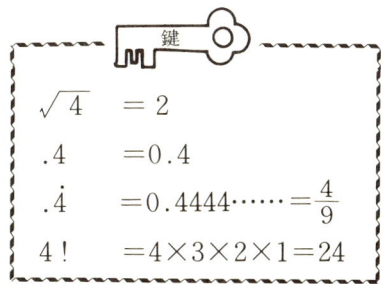

鍵
$\sqrt{4} = 2$
$.4 = 0.4$
$.\dot{4} = 0.4444\cdots\cdots = \dfrac{4}{9}$
$4! = 4 \times 3 \times 2 \times 1 = 24$

2

《十字軍》と計算の必要
——ベネチア，ジェノバ

1 十字軍の成立

　「北イタリア諸都市と"十字軍"とは深い関係があるが，澄子は十字軍って何か知っているかい。」

　「まかせてよ。10世紀末頃，イスラム教を信仰するセルジュクートルコは次第に勢力を高めて東ローマ帝国を攻め，アナトリア高原を占領し，キリスト教の聖地エルサレムを占領したのね。

　それまで西欧のキリスト教徒はエルサレムにある聖墓に巡礼する風習があり，多くの人々が遠路をでかけました。

　昔，その交通路を所有していたアラビア人は，商業上の利益だけを考えていたので，自由に往来を許していたけれど，この土地をセルジュクートルコがおさえると，東方貿易の利益を独占しようとしてキリスト教の巡礼者に危害を加えたんです。

　そこで，ローマ教皇は聖地奪還のための遠征を考え，参加者を集めた。このとき，聖職者，王侯，騎士，市民，農民などが集まり，十字の印をつけて出征したといいます。」

　「澄子は歴史に詳しいね。服に十字の印をつけていたので，"十字軍"といわれたのか——。」

　克己君が感心して言いました。

　「当時は"十字軍"と呼ばれなかったそうだよ。

2 《十字軍》と計算の必要

『エルサレム参詣』『東方海外旅行』などといわれ、"十字軍"の語はこの遠征が終わった後世につけられたものだそうだ。

ちょっと不思議に思うかも知れないが、あることがらの名称が、後世につけられることはしばしばあるんだよ。

たとえば、江戸時代に大変発展した日本の数学は"和算"と呼ばれるが、これは江戸末期に輸入された西洋数学（洋算）に対してつけられた名だしね。」

「ああそうだったの、それは知らなかったわ。

第1回十字軍は、1096年から1099年で、フランス、イタリア、ドイツなどの騎士からなり、激戦ののちエルサレムを占領して成功し、エルサレム王国を建設したけれど、後にイスラム教徒に包囲され孤立してしまいました。

そこで第2回の十字軍が遠征に行ったが成功せず、以後約200年間、大きな十字軍だけで8回程もありました。」

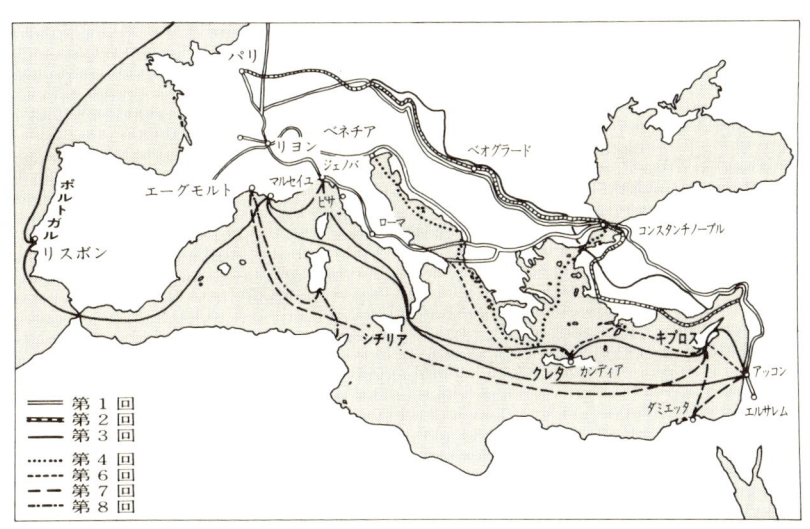

十字軍遠征路　（11—13世紀）

2 遠征の経路

「十字軍の表向きは聖地奪回という大義名分があったが,その裏には教皇の勢力拡大や他民族との貿易,さらには占領地の財宝を戦利品とするなど,本当の聖戦とはいえなかったようだ。

いま,お父さんが話題にしたいのは,当時の陸路,海路の問題やなぜ北イタリア諸都市が十字軍と関係があったのか,だ。

克己は,地図(前ページ)を見て十字軍の遠征路についてどういう感想をもつかい。」

「西欧からエルサレムまでというとずいぶんの道のりでしょう。しかも,騎士,従卒,歩兵それに一般巡礼の人を合わせると何万人,ときには何十万人になったんでしょう。この人たちの莫大な食糧,費用やものを運搬する車馬の数量も大変で,陸路の遠征は並々ならないことと思うな。

それに,途中,仲間割れ,疫病あるいは盗賊におそわれるなどの危険ということもあったろうし……。

そうそう,それにその頃の地図はずいぶんいい加減なものだったでしょうしね。」

「いろいろよく気づいたね。陸路エッチラというのは大変だ。

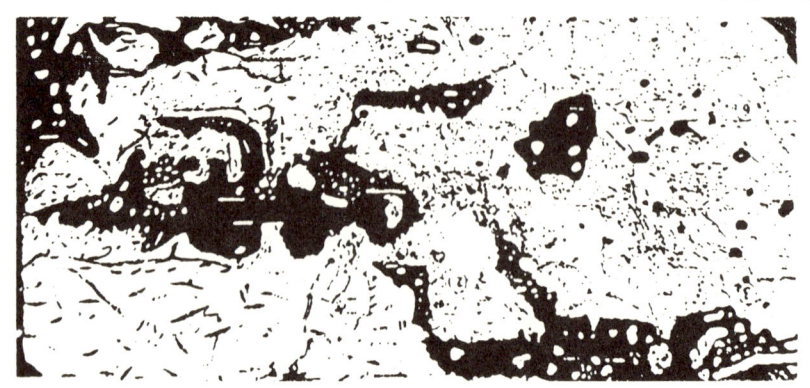

イドリーシーの『ロジェル王の書』の世界図

2　《十字軍》と計算の必要

　左下は12世紀の有名な世界図で，シチリアのアル・イドリーシーという人の作だ。ずいぶんおそまつだろう。
　そうしたこともあって，第3回はジェノバ，第4回はベネチアから船団を組んで海路を行くようになるんだよ。当然，ジェノバの近くの港町ピサも十字軍のための船舶の建造，貸与に協力し，それによって大いに発展もした。
　これについてはあとで述べるが，十字軍とベネチア商人との船の提供についての契約書の一部があるので見せよう。」
　「有名な"ベニスの商人"らしくガッチリと契約を結ぶんですね。いよいよお父さんの好きなベネチア，ジェノバ，ピサが登場ですね。
　この各都市の発展と"計算"とがどんなにかかわっていくか，お話が楽しみですよ。」

> 「われわれは4,500頭の馬と9,000名の従卒を運ぶためのコイシェ船と，4,500名の騎士と，2,000名の歩兵を運ぶための船とを提供いたします。さらに，われわれはこれらすべての馬と人員のための9か月間の食料と飼料とを提供することを約束いたします。……その条件といたしまして，馬1頭当たり4マーク，人員1人当たり2マークの支払いを申し受けます。
> 　われわれは，神の愛のために上記のほか50隻の武装したガレー船を提供いたしましょう。ただしその条件として……海路と陸路とによってわれわれの獲得するすべての土地もしくは貨幣のうち，われわれはその半分を取り，あなた方は残りの半分をお取り下さい。」

ベネチアの運河

3　商業活動と計算

「ではいよいよ第1段の本論に入ろうかね。

　この3つの都市は，十字軍を東方に輸送しただけでなく，その帰りの船に，エーゲ海諸島の沿岸の港を拠点にしてオリエントの香料，絹織物，象牙，宝石などを積んで帰国し，これをイタリア各都市や西欧諸国に売って巨大な利益をあげ，繁栄を極めたのさ。

　いわば，オリエントの物産を西欧へ送る窓口になっていたのであり，それだけに商業活動が活発であったという。

　ところでこういう商業活動が盛んな都市においては，どのような社会へと変貌していくと思うかい。」

　2人は考えていましたが，克己君が口を開き，

「大金が動くので，銀行とか，手形交換所とか，保険会社とかができてくるんじゃないんですか？」

「さすが，将来銀行員を目指す克己だ。

　その通りで，ジェノバの町には，当時の銀行や手形取引所

ジェノバ最古の銀行

ジェノバ最古の手形取引所

の建物が今も残っている。

　金融業の発展は初期のうちで，やがて右のように，交通，外交，法律，芸術という分野も高められていくわけで，社会が大きく変わっていくのだ。

```
                 ┌─ 金銭計算 → 金融業
                 ├─ 物資輸送 → 交通網
        商業活動 ─┼─ 対外交渉 → 外交官
                 ├─ 財産問題 → 法律
                 └─ 生活富裕 → 芸術
```

　港をもつ都市ベネチア，ジェノバ，ピサだけでなく，輸入物資の集散地となっていた内陸地のフィレンツェ，ミラノなども大発展し，貿易や産業で得た莫大な資金を芸術に投じたね。

　今回の北イタリア数学探訪旅行では，中世からルネサンス時代までの建築，絵画，彫刻などにただ感嘆して歩いたよ。

　さて，再び金融業の話にもどすが，この12世紀の躍動する社会で銀行が誕生し，複利計算や複式簿記などが考案されたといわれている。

　北イタリア人は，まさに"商人の中の商人"ということができるだろう。現代金融業務の基礎を築き上げたんだから。」

　「いまでもこの各都市には銀行が多いんですか。」

　「日本ではだいたい駅前に多いが，北イタリアでは街の中にやたらに見られるから，相当多いんじゃあないかな。

　右のBANCOは，英語のBank（銀行）の語源でカウンターの意味だよ。」

　「ねえ，お父さん。」

　澄子さんが不思議そうに質問しました。

ナポリ銀行ジェノバ支店

「商業の取り引きなどで計算が必要だから，これを数学の内容とするというのはわかるけど，金融業なんか数学とは関係がないんじゃないの？」

「2人が使っている最近の算数・数学の教科書では，金融関係の内容はぜんぜん入っていないのでそう思うかも知れないが，戦後すぐの教科書にはずいぶんいろいろなものが入っているよ。

ちょっと，当時の教科書（昭和20年代）からそれを紹介しようかね。中学3年生の内容で，

単元4『生産と金融』では，
　　銀行預金，小切手，手形，
　　債券など，
単元5『財政と納税』では，
　　国の歳入，歳出，納税，
単元6『計画ある家庭』では，
　　株，保険，

といった，金融関係の内容があった。中学3年生が義務教育の最後ということで，社会人に必要な知識を与えることを目的としたのだろうけれど，やはり中学生には無理に思えるね。

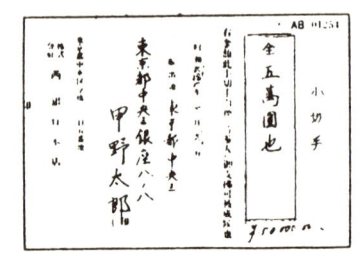

昭和25年頃の中3教科書から

当時，先生の声に"手形や債券，株なんか自分が知らないのに，生徒に教えられるか"というのがあった。もっともだ。しかし，金融の内容も多少は数学の守備範囲，責任範囲と考えていいんだよ。」

4 複利計算と積算

「お父さん，複利計算というのは，"利息に利息をつけていく"という方法でしょう。銀行としては単利法にした方が支払う利息が少なくてすむのに，どうして支払い額の多い複利法などを12世紀頃の銀行が考え出したのですか？」

将来，銀行員を目指している克己君が銀行の回し者のような質問をしました。

「もっともな疑問だね，それでは克己に単利法と複利法の計算方法を説明してもらおうか。」

「ハイ，では。

元金10万円，年利率5％として，

	〔単利法〕	〔複利法〕
1年後の元利合計	$10 \times (1+0.05)$ $=10.5$	$10 \times (1+0.05)$ $=10.5$
2年後の元利合計	$10 \times (1+0.05 \times 2)$ $=11$	$10 \times (1+0.05)^2$ $=11.025$
3年後の元利合計	$10 \times (1+0.05 \times 3)$ $=11.5$	$10 \times (1+0.05)^3$ $=11.57625$
………………	………………	………………
n 年後の元利合計	$10 \times (1+0.05n)$	$10 \times (1+0.05)^n$

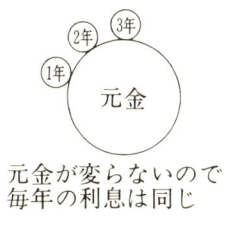

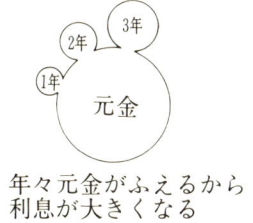

元金が変らないので
毎年の利息は同じ

年々元金がふえるから
利息が大きくなる

という具合で，いま10年間預金したとすると，
　単利法の元利合計は　15万円
　複利法の元利合計は　16.28895万円
ですから，10万円について 1.3万円位の差が出るのです。大きいですね。

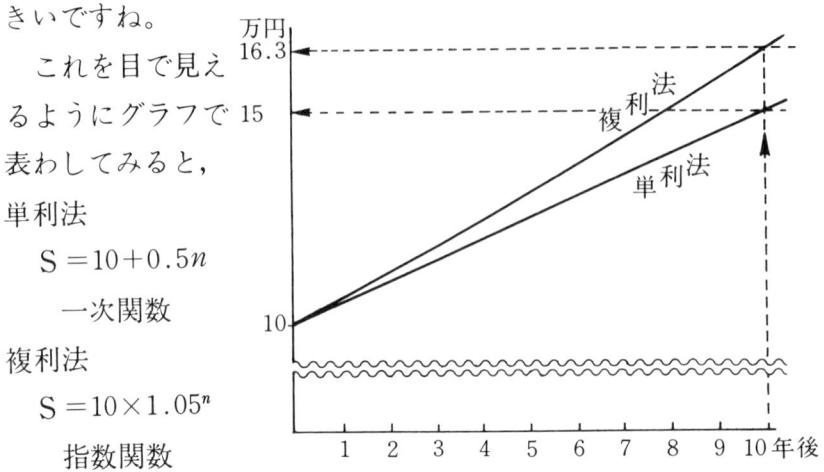

これを目で見えるようにグラフで表わしてみると，

単利法
　$S = 10 + 0.5n$
　　一次関数

複利法
　$S = 10 \times 1.05^n$
　　指数関数

という関数なので，直線と曲線の違いとなります。」

「なかなかうまく説明したね。違いがよくわかるよ。」

「それはいいのですが，銀行はなぜ単利法ではなく，複利法によるようになったの，損するのにおかしいわ。」

「お金にしっかり者の澄子にしては……，気がつかないかな。いま，自分が単利法の銀行に預金したとして考えてごらん。1年過ぎて満期の日になったとするよ。」

「ええ，そのままにしておくと，来年の1年後の利息も同じでしょう。ワカッタ！　満期の日にいったん引き出し，その利息を元金に繰り入れてその場ですぐ預金すると，来年になると利息が今年より多くなるっていうわけでしょう。」

「その通り。ちょっと手間がかかるけれどその方が預けっぱなしより得だね。預金者がこれに気づいてみんなが一斉に引き

2　《十字軍》と計算の必要

出し，その日に入金したら大混乱になる。そこでその手間をはぶくため銀行が代わりにそれをやってるのが複利法ということだよ。」

「誰かさんみたいに頭がいいというか，計算強い人がいたから生まれた方法なのね。」

澄子さんがひやかすようにして克己君の方を見ました。

「数学上では，$y = a^n$ ($a > 0$) という複利のような指数関数は大変興味あるものなんですね，お父さん。」

「よく知っていたね。昔の算術的な領域では"積算"(つむざん)と呼んでいて，古くは世界最古の数学書エジプトの『アーメス・パピルス』（B.C.17世紀）に既に登場しており，その後幾多の数学名著に，いろいろな形の積算が見られるよ。」

「あら，おもしろそうね。お父さん，有名なのをいくつか教えて下さい。」

ちょっと数学の苦手な澄子さんも乗り気です。

「そうだね。あまりに歴史の話が長く続いたからこの辺で，頭と腕の体操を少しやるとしようか。大変めんどうな計算もでてくるけれどもね。」

「ええっ，腕の体操というのは計算のこと？　いやだナ。余計なことをいっちゃった！」

といいながらも澄子さんは紙と鉛筆の用意をしています。

お父さんはだいぶよごれた『古代エジプトの数学』（高崎昇著）をもってきて，その中から次の問題を読みました。

「『7軒の家にそれぞれ7匹の猫がいる。この猫がそれぞれ7匹の鼠を食べたが，鼠はそれぞれ7穂の小麦を食べ，小麦1穂からそれぞれ7合の麦がとれるという。小麦は1日にどれだけ節約されたか』というのだ。

37

澄子さんの計算

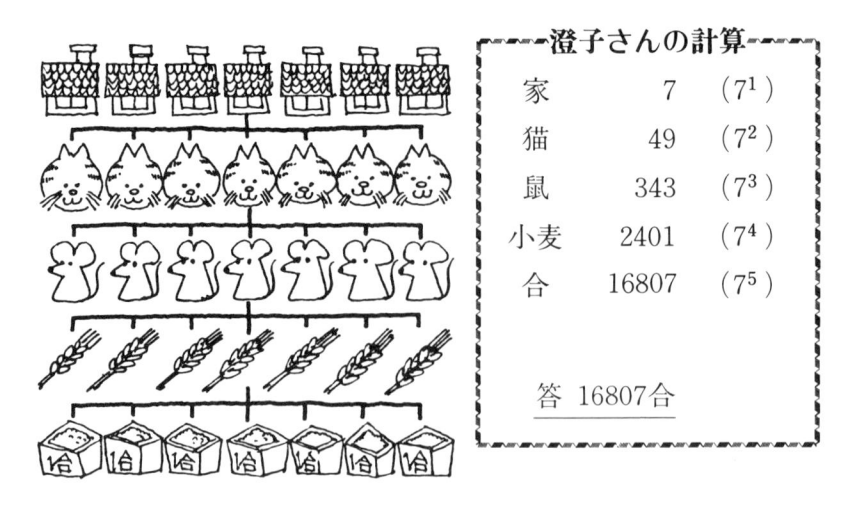

家	7	(7^1)
猫	49	(7^2)
鼠	343	(7^3)
小麦	2401	(7^4)
合	16807	(7^5)

答 16807合

考えてごらん。できないと4000年前の人に笑われるぞ。」

「あら，間違えたらどうしよう。」

澄子さんは必死で上のように計算しました。

「できました。が，合っているか心配。約1.7万合これ一体どれほどの量なの？ アッ，それからね，ついでに考えた，

$7^1+7^2+7^3+7^4+7^5$

という式はきれいでしょう。これはどう計算すればいいの。」

澄子さんは意外な発見をしてうれしそうです。

「よくできたね。一生懸命やると計算違いをしないものだ。

さて，約1.7万合の麦の量だけれど，米俵に換算して42俵ほどだからものすごい量だね。

この"たった7軒"という話がいつの間にかものすごい量になる，というのが積算の積算たるゆえんだよ。

ところで，澄子が発見した上の式だけれど，この計算は実に簡単でね。あとで説明しよう。（P.43）

では次の有名な問題を紹介しよう。

13世紀のイタリアの商人ピサのレオナルドの名著『計算書』

2 《十字軍》と計算の必要

(P.10)にのっている問題だよ。

『私がセント・イブスに行ったとき、7人の夫人を連れた1人の男に会った。どの夫人も7つの袋をもち、その袋にはそれぞれ7匹の猫がいた。また、それぞれの猫は7つの小猫をもっていた。セント・イブスに行ったものの総数はいくらか。』

これはアーメス・パピルスの問題と似ているが、おそらく影響を受けたものだろうね。（答は2401＋2で2403）

次は東洋の方の問題を紹介をしようか。

古代中国の名著『孫子算経』（4世紀）に次のようなのがある。

『いま門を出て外を見ると、9つの堤があり、そのそれぞれに9本の木があり、木には9つの枝、枝には9つの巣、巣には9羽の鳥、鳥には9羽の雛、雛には9つの毛、毛には9色がある。それぞれいくらか。』

というのだ。2人で計算してごらん。」

問題の条件をていねいに書いてみると、右のようになりますね。

いま、問題から離れてこの8種の和を求めよ、ということになると、これらを加えればいいのですが、ちょっとしゃれて、さっきの澄子さんの発見方式で書くと、

$9^1 + 9^2 + 9^3 + 9^4 + \cdots\cdots + 9^8$

で、ものすごい数になります。

堤	9
木	81
枝	729
巣	6561
鳥	59049
雛	531441
毛	4782969
色	43046721

「最後に日本の名著の中にある積算をいくつか紹介しようね。江戸初期の代表作に『塵劫記』(じんこうき)（1627年）という明治の初めまで寺子屋などで読まれたロングセラー書があるんだが、これは中国の名著『算法統宗』(1593年)を手本にして書かれたもので、一方、『算法統宗』はその1000年以上昔の上記『孫子算経』を

参考にしている。だから日本の『塵劫記』の問題の中に，『孫子算経』の類題がある。」

「良い問題，おもしろい問題というのは，何千年も受け継がれ，世界中にひろまっていくんですね。

ところで，どういう問題ですか？」

「この本にいくつか有名な積算がある。

"第三十九　からす算の事"

『烏999羽が，999浦で1羽の烏が999声なくとき，この声は合わせていくらか』

　　　$999^3 = 997002999$（声）

というすごい数。

"第三十六　鼠算の事"

『正月に父母鼠12匹の子を生む。親子共14匹になる。2月には子もまた子を12匹ずつ生み，親とも98匹となる。12月の間になにほどになるか』

"第三十七　日に日に1倍の事"

『銭1文を日に日に1倍にして，30日になにほどになるか』

では，鼠算は澄子，日に日にの方は克己に計算してもらうことにしよう。

できるだけ工夫し，カッコよく解いてもらいたいね。」

「なんだか気が遠くなる計算みたいだわ。うまい方法っていうけど，どんな風にやったらいいのかな。」

そんなことをいう澄子さんに対し，克己君が，

「この問題は"秀吉と曽呂利新左衛門"というお話のもとになったものでしょう。」

と思い出したように言いました。

嵯峨村の吉田光由著，初版本は1627年。書名は天竜寺の舜岳，玄光によるもので「塵劫来事糸毫も隔ず」（仏語）という語にもとづく，と。

2 《十字軍》と計算の必要

「なあに，その話は？」

「教えてあげようか。へへへ……。

豊臣秀吉の側近で知恵者の曽呂利新左衛門が，ある日秀吉からほうびを与えられることになり，望みの品を聞かれた。

すると曽呂利新左衛門が，"ここにある碁盤の，最初の1マスに米粒を1粒，次のマスには2倍の2粒，その次のマスにはまた2倍の4粒，……というように2倍，2倍としていってこの碁盤のマス全部の分の米粒を頂きたい"と言った。秀吉は内心"ずいぶん欲のない奴だ"と思いながら家来に何粒になるかを計算させた。しばらくすると家来がまっ青になってとんできて，この計算ではマス目が32番目で米俵で1800俵分，碁盤のマス全部ではこれまでに世界中の人が作った米を全部集めても足りません，と報告した。

びっくりした秀吉は，新左衛門にあやまってとりやめにしてもらった，という話さ。」

「1＋2＋4＋8＋……という計算で碁盤のマス目（19×19）分だとそんなになるの。これが利息だったら怖いわねェー。」

「この話は，百畳敷のタタミとか，将棋盤とか，いろいろな説があるが，いずれにしても『塵劫記』の問題から作ったお話だろう。さて，いよいよ計算をはじめてくれ。」

上手な工夫には，表にする，グラフにする，公式を作るなどいろいろな方法がありますね。あなたはどうしますか？

「お父さん，こんな工夫はどうでしょうか。表にまとめました。おす，めすを2匹と数えるとややっこしいので，1対(つい)とし

て考えることにすると，月々の対数は下のようになります。

これから12月末になると7^{12}対であることがわかります。

これをもとに下の式の計算をします。

月	1	2	3	4
親	1対	7対	49対	343対
子	6対	42対	294対	2058対
合計 (7^n)	7対 (7^1)	49対 (7^2)	343対 (7^3)	2401対 (7^4)

　　$7^{12}×2＝\underline{27682574402（匹）}$

です。ああくたびれた。」

「表にして，ふえ方のルールを発見したのはすばらしいし，その発想は大切だね。大変な計算がずいぶん簡単に片付けられた。

さて，克巳はどうかな。」

「こっちの方がらくでした。つまり，

　　$1＋2^1＋2^2＋2^3＋2^4＋………＋2^{29}$

の計算ですから，これは$(2^{30}－1)$から，

　　$\underline{1073741貫823文（1貫＝1000文）}$

です。」

「あら，お兄さん，たし算をしないで変な計算式を利用したのね。これで正しい答が出ているの？」

「じゃあ教えてあげよう。高校2年で習う内容なんだけれどおぼえておいた方が，いろいろ便利でいいよ。

積算ででてきた数の並びは"等比数列"というんだ。

いま，最初の項（初項）をa，倍々していく数（公比）をrとすると，

2 《十字軍》と計算の必要

$$a, ar, ar^2, ar^3, \cdots\cdots, ar^{n-1}, ar^n, \cdots\cdots$$

という形のものが等比数列というね。

次にこれの n 個の和を考えてみよう。和を S_n とすると,

$$S_n = a + ar + ar^2 + \cdots\cdots + ar^{n-1} \qquad (1)$$

この両辺に r をかけて(1)を引くと,

$$rS_n = \quad ar + ar^2 + ar^3 + \cdots\cdots + ar^{n-1} + ar^n$$
$$\underline{S_n = a + ar + ar^2 + \cdots\cdots\cdots + ar^{n-1}} \quad (-$$

$$(r-1)S_n = ar^n - a$$

よって $S_n = \dfrac{ar^n - a}{r-1}$ ∴ $S_n = \dfrac{a(r^n-1)}{r-1}$

公式ができました!!」

「澄子がわかったかどうか, さっきの,

$$S = 7^1 + 7^2 + 7^3 + \cdots\cdots + 7^{12}$$

を使って上の公式を作ってごらん。」

「はあい, やってみます。」

といって右のようにやりました。

$$7S = \quad 7^2 + 7^3 + \cdots + 7^{13}$$
$$\underline{S = 7 + 7^2 + \quad \cdots + 7^{12}} \quad (-$$

$$(7-1)S = 7^{13} - 7$$

$$(7-1)S = 7(7^{12} - 1)$$

$$\therefore S = \frac{7(7^{12}-1)}{7-1}$$

「同じ形の式になったわ。等比数列なんて難しい用語が出てきたのでびっくりしたけれど, 案外やさしいのね。

お兄さんの"日に日に1倍"をこの公式で計算してみよう。」

その結果, 克己君の式が正しかったことを確認しました。

$$S = 1 + 2 + 2^2 + 2^3 + \cdots\cdots + 2^{29}$$
で $a=1$, $r=2$, $n=30$
だから
$$S = \frac{1(2^{30}-1)}{2-1} = 2^{30} - 1$$

♪♪♪♪♪ できるかな？ ♪♪♪♪♪

すっかり"積算"に慣れたでしょうから，ここでトドメの問題を２問やってもらいましょう。

(1) ここに厚さ１mmの紙があります。これを右図のように１回折り，２回折りして，22回折ったとき，この紙の高さはどれほどになるでしょうか。

――富士山より高くなる，という話ですが信じられますか。

１回折る

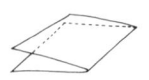

２回折る

(2) "ハノイの塔"という有名な問題です。

その昔，ハノイのベナレスにある大寺院に，３本の大理石の柱が立っていて，その１本に黄金の円板が大小64枚，下のように重ねられてありました。

この黄金の円板を，他の柱に全部移しかえたとき，「この世は終わりである」という伝説があります。

補助柱

ただし次のルールがあります。

①円板は１回に１枚だけ移す。
②つねに小さい円板は大きい円板の上にあるようにする。
　そのために補助の柱を用いてよい。

さて，お坊さんが１秒間に円板１枚を動かすとして，「この世が終わる」（全部移し終わる）のは作業をはじめてから何年後でしょうか。

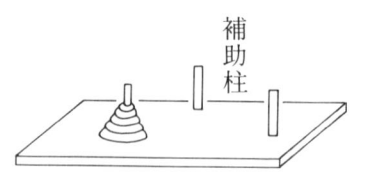

3

インド式計算の輸入
——ピ サ

1 ピサのレオナルド

「積算に関連して，だいぶ等比数列のことをやったが，数列の中にも，等差数列，調和数列，回帰数列などいろいろある。

中でも，数学者名のついた『フィボナッチ数列』というのは有名だよ。」

「フィボナッチという人の名前，お父さん前に言わなかった？

そうそう一番初めのピサの斜塔の話（P.10）に出てきた，商人ピサのレオナルドという人でしょう。」

フィボナッチ
Fibonacci
(Leonardo da Pisa)
(1180～1250) イタリア

澄子さんは，お父さんたちが警察署まで行って探し当てたり，公園に石像が立っている写真のことまでをつけ加えました。

「いやいや澄子は記憶力がいいね。ところでピサの街についてはもう少しつけ加えたいことがあるんだよ。」

「お父さん，その前に，今言った『フィボナッチ数列』というのを説明してよ。ぼくはその方に興味があるんだから。」

「よしよし，まず克己の希望にこたえることにしようかな。これはフィボナッチの発見した数列で，それほど変わったも

のと思えないのに，自然界にこの数列をもったものが多いので近年にがぜん話題になったのだ。次の数列がフィボナッチ数列で，各項が前の2項の和でできている数列だよ。

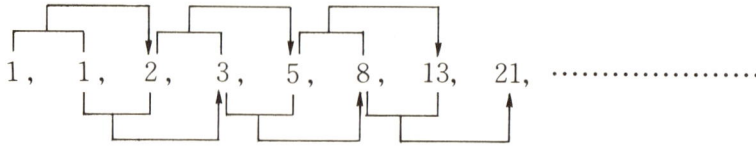

1, 1, 2, 3, 5, 8, 13, 21, ……………

"ひまわりの種の並び"で，うず状の1つが13粒とするとその対の方は21粒，といったようにフィボナッチ数列になるというので有名だ。

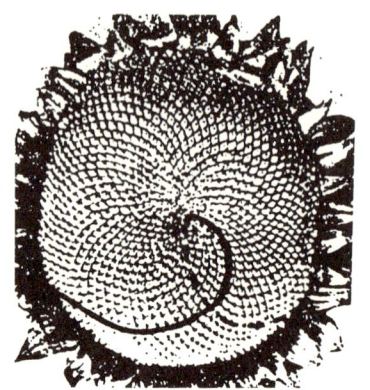

そのほか，パイナップルや松毬(まつかさ)などのりん片の個数にみられる。ある種の木で葉の出方にその数列があるというし，1対の兎が毎月1対ずつの子を産み，その子も2か月後から1対ずつの子を産むときの各月の対数がフィボナッチ数列になるんだ。（下図参考）

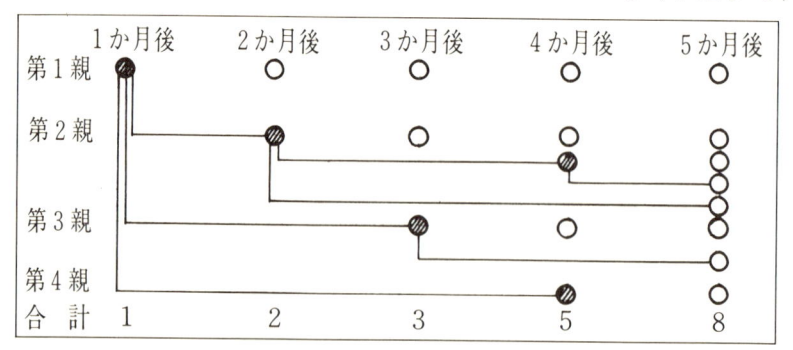

	1か月後	2か月後	3か月後	4か月後	5か月後
第1親	●	○	○	○	○
第2親		●	○	○	○○
第3親			●	○	○
第4親				●	○
合 計	1	2	3	5	8

というわけで，大変興味深い数列なんだよ。」

「フィボナッチ先生は，どういうきっかけで，こんな数列を発見したのでしょうね。また，この数列を何かに利用したのですか？」

「それは知られていないね。」

3　インド式計算の輸入

「さぁーさ，お父さんピサの街の話をくわしくして下さいよ。」
待ちくたびれた澄子さんがせかせました。

お父さんは，ピサの街の地図をひろげながら説明にとりかかったのです。（P.51参照）

「ピサは，中世とりわけ11～13世紀にイタリアで最も栄えた共和国で，各地にたくさんの植民地をもっていた。植民地があるということは通商，貿易が盛んなことで，当然たくさんの優秀な商人が活躍したわけだね。

その中の1人にフィボナッチのお父さんもいたし，フィボナッチもそのあとを継いだわけだ。父親は自分と同じ商人に育てようとして少年時代から計算法を学ばせ，青年になるとブギアへ数学の勉強に行かせた。

この数学についての知識と商人としての営利にさとい感覚とから，エジプト，ギリシア，ローマ各民族の数字とその記数法とが，インド―アラビアの数字，記数法との比較で，後者の方が計算上，はるかに優れていることを発見したのだね。

数学史を見ると，商人が他民族の進んだ文化（数学）を自国にもちこんだ例は数多くある。彼等はたくさんの文化の比較をしているので視野が広くなっているといえるのだろう。

紀元前6世紀のギリシアの商人ターレスが，エジプトの進んだ測量術をもちこんで『幾何学』を築いたこと，日本では秀吉の命を受けた商人毛利重能が中国からソロバンをもち帰り，江戸時代初期の商業活動に貢献したこと等が代表的なものだろうね。

現代でも国の方向を見定め，繁栄へとひっぱっている先端者は商事会社やそれに類する貿易事業の人たちだから，いつの時代，どの民族でもこの点はあまり変わりはないだろう。"損をしない"という神経は大変なエネルギーになるからね。」

「お父さん、また話が別の方に発展していったわよ。早くピサの街を紹介して——。」

お父さんは、早速ピサの街の略図（P.51）を示しながら、

「では、お父さんの歩いた道順で、世界的に有名なピサの街を紹介していくことにしよう。

人の少ない静かなピサ駅を出て駅前のバスに乗り、約10分で旧城門に達した。ここで降りてもよいが、バスの終点はもう1つ先で、斜塔の真前が停留所になっている。城門をくぐったあとは左手が広々とした芝生の庭で、その先に洗礼堂、大聖堂、そして斜塔の順で建物が立っていた。右手の方はおみやげ店がずらりと軒をつらねていたよ。こちらはゴミゴミと薄汚なかったが、左手の方は、緑の芝生、白い建物、青い空、とその色彩が美しく、ちょうど"復活祭"であったこともあり、大変な人出でにぎわっていた。」

「お祭り気分というわけネ。」

「ボクも見たかったナ——。」

大聖堂と並ぶ斜塔
（人と比べて大きさがわかる）

直立の著者と傾く塔

3 インド式計算の輸入

「バスの窓から斜塔が見えたとき，"私はついに見たゾー"と叫びたくなる感動をおぼえたね。

"確かに傾いている！"それをこの目で見たのがうれしかった。

さて，この広場内にある3つの建築物で一番古いのが『大聖堂』で1063〜1118年に建てられ，ロマネスク建築の代表として有名なのだ。

次は『洗礼堂』で，これは1153〜1278年に建てられた。そして『塔』は1173年に建築が始められたが，その直後から傾きはじめ，途中建築を止めたりして1350年に完成した。なんと177年もかかって建てたことになる。」

「そういえば，前に新聞で，"最近の1年間で0.4mm傾いた"という記事を見たわ。ということは，もう800年間も傾き続けているということね。おもしろい建物だわ。」

「傾くだけで倒れないのも不思議だ。お父さんが行ったときも補強工事などしていたよ。

この塔は8階建で高さは55m。頂上からの垂線で5.25m傾いているという。」

「新聞に，ピサの斜塔が出ていたことがありました。日本の新聞社もピサの斜塔に関心があるんですね。」

「ねぇ，お兄さん！ 新聞記事に68年間の年平均傾斜幅1mm

〔一口話〕斜塔の傾きが止まった

○ピサの斜塔が一晩で2.5mmも斜めに！
○ついに斜塔にワイヤ，転ばぬ先のワイヤ。
○斜塔の修復工事で，一般公開停止に。
○斜塔の修復工事終了し，一般公開再開。

などと，数年に一度の割合で，新聞をにぎわす。2001年6月16日完了した修復工事によって，向こう200年以上倒れないとか。

ちょっとあったけど，もし同じ割合で800年間傾き続けたとするとどれほどになるの？」
「澄子が自分で計算すればいいのに。ええとね。右のように計算して，約82cm。すごいね。

1 mm×68＝68mm
800÷68≒12（倍）
68mm×12＝816mm
81.6cm

でも実際は5.25mの傾きというのだから昔の傾きがひどいということなんですね。」
「では2人で，塔の傾斜角度がどれほどか，また，塔の高さはいくらか，を計算で求めてごらん。」

2人が下のような図をかいて計算を始めました。
一体何度くらいでしょうか。
直角三角形ＡＢＨで
　ＡＢ＝55m，
　ＢＨ＝5.25m

〔解き方〕
（澄子）　縮図をかいて角度を測ると　約5.5°
（克己）　$\sin x° = \dfrac{5.25}{55} ≒ 0.095$
　　　　三角比表より　$x° = 5°30'$
（ＡＨの長さ）三平方の定理
　$AB^2 = BH^2 + AH^2$　により
　$AB^2 - BH^2 = 55^2 - 5.25^2 ≒ 2997$
　よって　$AH = \sqrt{2997} ≒ 54.7$（m）

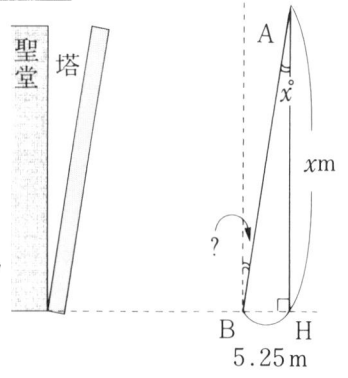

3　インド式計算の輸入

「写真で見ると人が塔に登っているみたいね。」
「土台は修理最中だったけれど，料金をとって入場させていた。
　さて次の目的地は，フィボナッチの生まれ育った地の探訪だが，初めに話したように街の人は誰も知らなくてね。最後に，警察署をたずねて，旧城壁と河の間のフィボナッチ通りにあることを知った。

　下の地図を見てごらん。右下に印があるだろう。

　13世紀のフィボナッチ，17世紀のガリレオの家だそうだ。

　いろいろな石やレンガを使い，何度も修理して使った様子がわかるだろう。

フィボナッチ，ガリレオの家

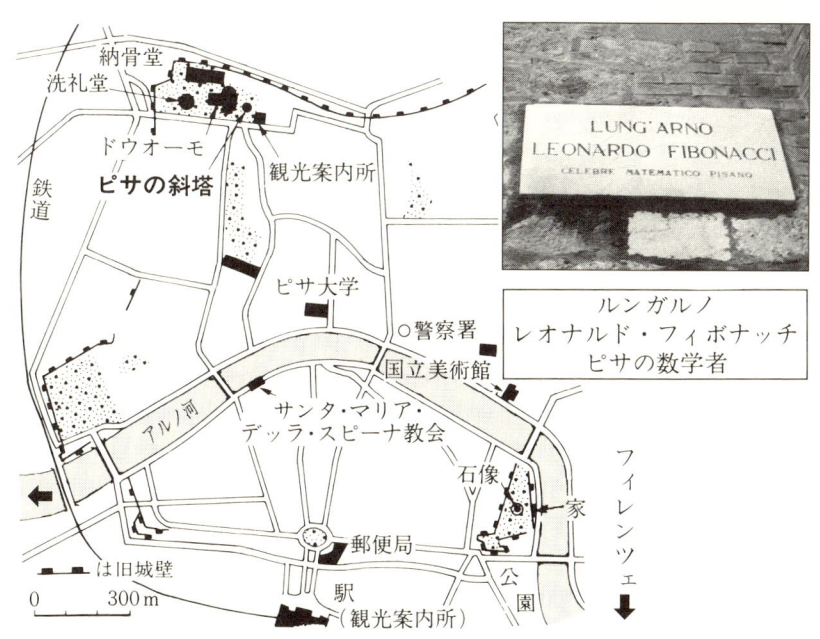

ルンガルノ
レオナルド・フィボナッチ
ピサの数学者

3階から顔を出したおばさんが，"ここは昔，フィボナッチやガリレオが住んでいた家だよ。私の姉も数学者だ"と大声でしゃべっていた（とガイドさんの話）。
　いやはや，ヨーロッパではふつうの人の家でも数百年使われているんだから，歴史を感じるね。
　道（フィボナッチ通り）をへだてた反対側に公園があり，その中にフィボナッチの石像（P.10）が立っているのさ。写真が写せてとてもうれしかったよ。」
　「写真の標示板はどんな意味ですか？」
　「ルンガルノとは，ルンゴ・アルノ（ルンゴは英語のlongでアルノは傍のアルノ河，つまり長いアルノ河の意味）がつまった表現だそうだ。この標示板はピサにフィボナッチが住んでいたことを証明するものだね。」
　「ガリレオもピサの出身なんですか？　何かの本にフィレンツェ生まれ，と読んだおぼえがあるんだけれど。」
　と克己君が質問しました。
　「よく知っているね。その通りだよ。ピサ大学には数学講師として研究のかたわら，物理学にも力を入れ『落体の法則』をピサの斜塔を利用して実験したと伝えられている。
　この写真はピサ大学で，14世紀に出来た古い大学だよ。」

ピサ大学

日本の大学のように校門などない。

2　『計算書』の中味

「フィボナッチの名著『Liber Abaci』について少し説明しようね。

これは通称『算盤の書』『算板の書』と訳され，1202年作となっているが，算盤，算板とも正しいとはいえない。彼は当時の算盤，算板という道具による計算方法を排して，筆算をすすめるためにこの書をまとめたので，私は『計算書』という名称をとりたいと思っているんだ。また，1202年作も正しくない。本によっては1228年とある。

これは，彼がアラビアの著名数学者アル・ファリズミーの著書をまねて『Algebra et Almuchabala』（方程式）という本を1202年に出版し，これを改訂して1228年に出したものが『Liber Abaci』だ。だから正確には1228年とすべきだろうが，初版本という考え方をすると1202年出版としても誤りではないだろうね。」

「この本が，その後500余年も読まれたり，数学書の原典になったというのは，ローマ数字などの桁記号記数法ではなく，インド—アラビア数字による位取り記数法によった点にあるのでしょう。

人々にとって初めての数0を導入するなんて勇敢な人ですね。」

　　　（イタリアの街の各所にある時計
　　　　台のほとんどはローマ数字である。
　　　　Ⅰ，Ⅱ，Ⅲ，Ⅲ(Ⅳ)，Ⅴ，Ⅵ，……）

「そうだね。それだけに，本の冒頭に"インドの9つの数字は，9，8，7，6，5，4，3，2，1である。これらにアラビアのsifrとよばれる記号0をつかうと，どんな数でもみんな表すことができる"と述べている。もっとも当時の数字は下のようで，今日の算用数字の形に定まったのは印刷術の進んだ15世紀以降だよ。」

現在の数字		1	2	3	4	5	6	7	8	9	10
イ ン ド	ブラミー数字 B.C.3世紀										
	梵字 2世紀										
	10世紀										
アラビア	東方										
	西方グバル数字										
ヨーロッパ	11世紀										
	14世紀										
	16世紀										

　澄子さんはインド数字の変化を見ながら，
　「いま，教科書や日常で使っている算用数字は，古代インドでできたままのものとばかり思っていたわ。数字みたいなものでも，こんなに変化しているんですか。」
　「そうなんだね，数字にも生いたちがあるのさ。
　さて，『計算書』の中味を紹介しよう。これ(次頁)が目次だけれど，レベルが低い気がするだろう。」
　「第1章から第7章までは整数と分数の計算でしょう。第8章から第12章までは文章題みたいですね。ここまでは，いまの小学校算数ぐらいではないの？

3 インド式計算の輸入

私もこの時代に生まれていれば，算数に苦しめられないですんだのに……，損しちゃったナ。」

澄子さんが皆を笑わせました。

「でも，この時代の人々にとってはやはりむずかしい算数だったにちがいないよ。ところで………，お父さん，小数がないですねェ。」

「そうだね。小数が創案されたのは16世紀だから，この時代にはないよ。分数で計算したのだから，かなりめんどうなことも多かっただろう。

負の数は5世紀頃にインドで創られているが，ここでいう整数とは"正の整数と0"であり，負の数が扱われていない。これはナゼだと思う？」

2人はわからないようです。あなたはどうですか。

お父さんは待ちくたびれて，口を開きました。

「そもそもが，この本は，商人たち向けに書いたものだ。その証拠に，さっき澄子が第8章から第12章は文章題みたいだといったその内容はすべて"商業算術"でね。だから負の数など必要ないわけだ。

第13章の仮定法というのは，すでに4000年前の『アーメス・パピルス』(世界最古の数学書)に方程式の古典的解法として登場している。方程式を解くのに両辺に同じ数を加えて，という

『計算書』の目次

1　インド―アラビア数字の読み方と書き方
2　整数のかけ算
3　整数のたし算
4　整数のひき算
5　整数のわり算
6　整数と分数とのかけ算
7　分数と他の計算
8　比例（貨物の価格）
9　両替（品物の売買）
10　合資算
11　混合算
12　問題の解法（フィボナッチ数列）
13　仮定法
14　平方根と立方根
15　幾何と代数

方法ではなく，"いま答がいくつだとすると"という仮定をして解く方法だよ。これは古代中国でもやっている。

有名な方法なので，ちょっと具体例で説明しよう。

> ある数とその数の $\frac{1}{2}$ とを加えると16になる。その数は？

仮定法による解法	等式の性質による解法
いま，その数を2と仮定すると， $2 + 2 \times \frac{1}{2} = 3$ これが3でなく16にしたいので，2を $\frac{16}{3}$ 倍すればよい。 よって $2 \times \frac{16}{3} = \frac{32}{3} = 10\frac{2}{3}$	いま，その数を x とすると次の方程式ができる。 $x + \frac{x}{2} = 16$ 両辺を2倍して $2x + x = 32$ $3x = 32$ よって $x = \frac{32}{3}$ $x = 10\frac{2}{3}$

「仮定法のやり方というのは，一応見当をつけ，それをもとに調整するという考えですね。おもしろいナー。

でもなぜ昔の人は『等式の性質』を利用しなかったんですか。」

「数学史をみると，この等式の性質は比較的新しい発想なのだ。高級な考え方なんだろうね。

さっき，フィボナッチがアラビアの数学者の著書をまねて，と言ったが，その著者アル・ファリズミーは，『Al-gebr w'al mukābala』（これをイタリア語にしたものがP.53の書名）を出した。この書名の al は冠詞，gebr は移項のこと，mukābala は両辺の等しいものをとり去ることで，等式の性質の利用による解法

を意味している。9世紀のことだね。」

「al-gebrって何か見たことがあるようだけれど……。」

「代数のことを『アルジェブラ』(algebra)というね。この語はまさにアル・ファリズミーのこの書名から生まれた言葉だ。昔は，方程式＝代数 だったからね。

ついでに，アル・ファリズミーから何か気づかないかな。」

今度は克己君が口を開きました。

「コンピュータのアルゴリズム（流れ図）に似ているようだけれど，まさか1000年も前にコンピュータはなかったし……。」

「いや，そのアルゴリズムさ。アル・ファリズミーがなまってできた用語といわれている。もちろん，当時コンピュータなどはないが，方程式を解くような機械的手順をさしている。

日本語では算法といい，解く手順が箇条書きや流れ図（フローチャート）で示され，途中あいまいさのないものをいう。

古くは"ユークリッドの互除法"がアルゴリズムの起源ともいわれているもので，コンピュータの処理がこの考えを利用したにすぎないよ。

つまり，機械的に処理でき，途中であれこれと頭を使う必要のない手順を言うのさ。二次方程式の解の公式なんかその代表的なものだろう。」

「アルゴリズムって人間の名前だったの。おもしろいわね。」

「16世紀のドイツの計算師アダム・リーゼは計算が速く正確なことで有名で，後世のドイツ人は，正確な，信頼で

きることの表現に"アダム・リーゼによれば……"と言ったという。

アルゴリズムと似たようなものだね。」

「用語には中味がないものもあるんですね。前のエジプト，ギリシア旅行のお話（拙著『ピラミッドで数学しよう』参考）に出てきたように，初め測量術だったものが，次々に他国に輸入されていくと用語が変わって，日本では『幾何』が図形の証明の学問と何も関係ない語であるようなものですね。

もっとも用語なんて源語をさぐっていくと，こうしたことが多いのかも知れないけれど。私は興味があるナ。」

エジプトの測量術
⇩
ギリシアの geo-metry 　　　　　　土地　測る
⇩
中国　　geo＝幾何 　　　ジェオ　ジ ヘ
⇩
日本　　幾何（図形の学）

澄子さんはやっぱり文学的です。

「そうそう，言い落としたけれど，『計算書』の第12章の問題の解法の中に，いろいろな数列の1つとして例のフィボナッチ数列が登場しているね。

1対の兎が1年間に何対になるか，といった形で出ている。このとき，

$1+2+3+5+8+13+21+34+55+89+144+233+377$

を計算させているけれど，彼の発見なのだろうがおもしろい。

さて，この本にはもう1つ興味あり，かつ後世に伝えられた計算法がのっている。その名は"九去法"といって，検算のための方法だ。2人は右の計算の検算をどうするかい？」

```
  5476
  2308
  1994
  8261
 +4720
 ─────
 25759
```

3 インド式計算の輸入

「私だったらもう一度やり直すわ。」

「ぼくは，初め上からたしているので，検算のときは下からたしてみるナ。」

「ナルホド。では九去法の検算でやってみようね。

理由はあとで説明するが，一応自分でも考えてごらん。

右のように，各数を9で割った余りを加える。

これは1桁なので，まず計算ちがいはしないだろう。

和が2桁以上になったらまた9で割る。一方，得た答の方も9で割り，この2つが一致したらこの答は"正しい"としていい，という検算法なのさ。

1桁の計算だから，まちがいもほとんど起きないね。」

「お父さん，でも，9で割る計算があるから危ないでしょう。」

「いやいや，9で割る必要がないのさ。各数字をたすだけでいいよ。」

「ええっ。割らないでたし算で余りが求められるの？ ふしぎだな。」

「そこが"九去法"とよばれるゆえんだよ。

では，割り算の場合と，たし算の場合とを比較してみよう。どちらも余り4，となっている。と，なると

```
              9で割った余り
   5 4 7 6  ────→    4
   2 3 0 8  ────→    4
   1 9 9 4  ────→    5
   8 2 6 1  ────→    8
 + 7 7 2 0  ────→    7
 ─────────         ─────
   2 5 7 5 9 ──→1   2 8  (＋
         一致した       ↓
                       1
```

```
       6 0 8
    9)5 4 7 6
      5 4
      ───
        7 6
        7 2
        ───
          4
```

$5 + 4 + 7 + 6 = 2\,2$

再び数字をたす

$2 + 2 = 4$

(2桁以上の数では，1桁になるまで何回もたし算をすればよい)

たし算でやった方が計算まちがいが少なくていいね。」

〔理由〕 例　5476

$$5476 = 5000+400+70+6$$
$$= 5 \times 1000 + 4 \times 100 + 7 \times 10 + 6$$
$$= 5 \times (999+1) + 4 \times (99+1) + 7 \times (9+1) + 6$$
$$= 5 \times 999 + 5 + 4 \times 99 + 4 + 7 \times 9 + 7 + 6$$
$$= 9(5 \times 111 + 4 \times 11 + 7 \times 1) + 5 + 4 + 7 + 6$$

　　　　　　9の倍数　　　　　　　　　数字の和

$$= (9の倍数) + 5+4+7+6$$

　　　　　　　　　　9で割った余り

「上の式が，ある数を9で割った余りを求めるには，その数の各位の数字の和を求めればいい，という理由になる。数字の和が0のときは，割り切れる，ということになるね。

さて，せっかく"九去法"の説明をやったのだから，2人に使ってもらおうか。

次の4つの計算をし，その検算を九去法でやってごらん。」

「あら，あら，心配だな。やり方がまだよくわかっていないので検算のまた検算をしないと危ないワ。」

(1)
```
   5 1 2 8 3
   1 0 7 2 6
   9 8 4 1 2
 + 4 3 0 6 7
```

(2)
```
   8 4 0 2 1
 - 5 6 3 4 2
```

(3)
```
     3 6 8
 ×    7 5
```

(4)
```
 5 2 6 ) 1 3 1 5 0
```

(各自で計算し，検算しましょう。わからないときはP.194)

3 インド記数法と計算

「お父さん，いままで何度も古い"桁記号記数法"と新しい"位取り記数法"という言葉が出てきたけれど，いまひとつその区別というか，特徴というか，違いというか，それがよくわからないので，このことをくわしく教えて下さい。」

「そうだね。これから先の話をよく理解するためには，澄子の疑問を解いておかなくてはだめだろう。

克己はどの程度知っているかな。」

克己君はしばらく考えています。あなたはどうでしょうか。

「ええと，桁記号記数法では，下のエジプトを代表するように10を単位にして桁が上るたびに新しい数の記号を作るけれど，位取り記数法の方は，0〜9の10個の数字だけでどんな大きな数でも作れること。また，前者は簡単な数の加法，減法は記号の個数をたしたり，引いたりすればよいのでやさしいが，乗法，除法は大変。一方後者はソロバンと同じ構造なので，乗法，除法の計算にも都合がよい。

こんなところです。」

「本質的な違いは，この2点だろうね。

私はこの2つを区別するたとえとして，列車の自由席と指定席をあげている。意味がわかるかい？」

古代エジプト数字（象形数字，意味は通称）

1	10	100	1000	10000
棒	人間の手	測量の縄	ハスの花	パピルスの芽

100000	1000000	10000000
おたまじゃくし	人が驚いている	地平線の太陽

「ずいぶん変わったたとえですね。自由席というのはどこに座ってもいい，指定席というのは，座席の位置が決まっていて移動してはいけない，というわけでしょう。

何だかわかるような気もするけれど——。どういうことですか。」

「桁記号記数法は別名，単位記数法。位取り記数法は別名，位置記数法というね。

いま，前者の代表を古代エジプト数字として，2413という数を書いてみよう。正式には右から左に書くようだけれど，インド式と比較するためにふつうの左から右に書くことにする。

すると右のようになる。

いま，1つ1つの数字をカードに書いて並べた場合を考えてみようか。

そして突風があって下のようになってしまったとすると，……。

澄子，この数を読んでごらん。」

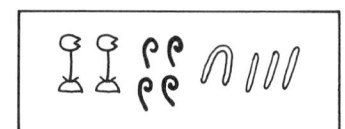

「ちょっと，わざとらしいお話ね。左から1, 100, 1000, ……。そうじゃないわ。1000が2枚，100が4枚，10が1枚，1が3枚だから，

(1000×2) + (100×4) + (10×1) + (1×3)
= 2413

となるわ。

ああそうか，数字の位置，並びが変わっても数は変わらない。それで自由席っていうのね。わかったわ。」

3 インド式計算の輸入

「次に，位取り記数法が指定席であることを考えてみよう。自由席の意味がわかった勢いで，澄子，説明してごらん。」

「では，お父さんのまねをして，……と。

いま，2，4，1，3それぞれの数字をカードに書いて並べたところ，突風があって，並びが変わってしまいました。すると……，お兄さん，この数を読んで下さい。」

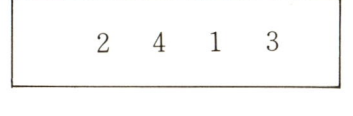

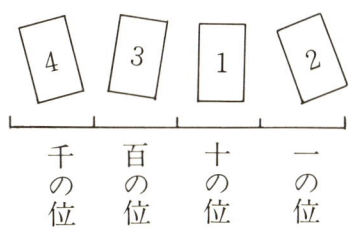

```
┌─────────────┐
│  2  4  1  3 │
└─────────────┘
  ┌─┐┌─┐┌─┐┌─┐
  │4││3││1││2│
  └─┘└─┘└─┘└─┘
   千 百 十 一
   の の の の
   位 位 位 位
```

「澄子は，お父さんの方法とそっくり同じじゃないか。4312だよ。」

「そうですね。並べ変えたら違う数になってしまいました。位取り記数法では数字の並びを変えてはいけませんねェ。」

「そういうわけだ。これで自由席，指定席というたとえの意味がわかったろう。

ソロバンは，棒で固定された，まさに代表的指定席の計算器ということができるだろう。

位取り，つまり数字の"位置"を重視した方法こそ計算に適した記数法といえるね。」

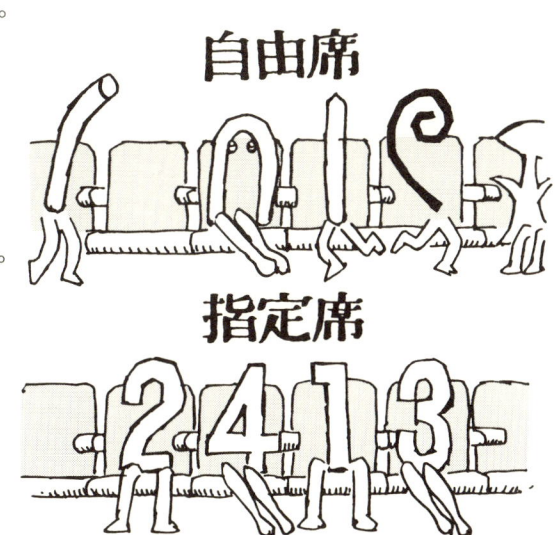

自由席

指定席 2 4 1 3

「位取り記数法の創案国であるインドでは，算盤や算板なしでどんな方法で計算をしたのですか？」

「澄子の疑問はもっともだね。インドでは古くから木板の上に，砂や白い粉をまき，その上で指や棒を使って計算をしていたという。15世紀前までには石板，石筆が用いられて筆算の方法が進み，その後印刷術の発明（1440年）で数字の形が定まり紙も安くなって一挙に庶民の間にひろまったわけだ。」

「お父さんは前に，ヨーロッパで算盤派と筆算派とが長い間相い争った，と話していたけれど，このことについてもう少し話を聞かせて下さい。」

澄子さんは，やはり歴史のことに興味があるようです。

「フィボナッチが13世紀に『計算書』を出版し，それを通してヨーロッパの人々に位取り記数法の優れていることを知らせたあと，当時が躍動する社会，商業活動の盛んな社会であったこともあり，大変早いスピードでひろまったわけだね。

一方，人間には保守的なタイプの人もいるので，昔式のものを維持しようとしたので，古い算盤派と新しい筆算派が13世紀以来，なんと18世紀頃まで争ったという。

右の絵は，前（P.57）に紹介した計算師アダム・リーゼの『算術教科書』（1529年）の表題にかかれた，算盤家と筆算家との試合を描いたものだよ。立会人がいるのがおもしろいだろう。」

左が筆算派，中央が算盤派の人

4 パチリオの『算術書』

「数学,とりわけ"計算"の話を,そろそろ15世紀に移そうと思うが,イタリアでは15世紀に何が起こったかな?」

「ハイ,ハイ,これは私に言わせてね。

1453年に東ローマ帝国がオスマン・トルコによってほろぼされ,ギリシアの古典をもった多くの学者がイタリアへ逃げ込んだのね。これがきっかけとなってイタリア各地でルネサンス(文芸復興)が起こったのだけれど——。」

「おっとストップ。それから先はまたあとで澄子にしゃべってもらおう。

この15世紀は,12世紀の十字軍にともなう商業活動に次ぐ,イタリアの躍動期なんだね。そこで計算の世界でも12世紀のフィボナッチによる『計算書』に匹敵する,また,印刷本として最初の商業算術書があらわれたのだ。

それがいまから紹介するパチリオの『算術書』だよ。

パチリオは,フィボナッチと同様に港町生まれで,イタリアの三大港町の1つベネチアで生まれ,30歳位のときインド―アラビア数学を学び,50歳のときフィボナッチの『計算書』を参考にして『算術,幾何学,比および比例論大全』(1494年)という本を出版した。

これは商業計算が豊富だったので,広く読まれたという。」

「いろいろな点で2人が似ているんですね。時代の背景も。300年の違いがあるんでしょう。300年間というとちょうど江戸時代の期間か,すごいナ。

ところで,このパチリオの本の内容,レベルはどうですか?」

「次ページに示したように5部まであって,レベルは,商人に役立っただけでなく,理論的でもあって高く,優れた本だと

いわれた。

　また，簡単な統計や確率の問題も入っている。数学史上では統計，確率は17世紀創案となっているが，この時代にもう芽生えているんだね。

　パチリオは，ミラノに滞在中『神の比例』という本を出したが，これは黄金分割のことで，ここでは建築，彫刻に関する内容を含んでいる。昔の学者は多才な人が多いね。」
(注) 三数法は三量法ともいい，現代の「比の三用法」のこと。

$$a \times b = c$$

例
(定価)×(割引き率)=(割引き金)

第1部　算術 　　記数法，整数の四則，級数，開平・開立 　　分数，三数法，文字計算，代数 第2部　商業算術 　　比例，合資算，利息算，家賃，両替，為替手形 〜 第4部　<u>複式簿記</u>，<u>割引</u>など 第5部　幾何学 約600ページ

∮∮∮∮∮ できるかな？ ∮∮∮∮∮

　"黄金分割"というのは，古代ギリシアの代数学者，天文学者であるエウドクソス（B.C.4世紀）が発見したもので，黄金比は自然界に多く存在する美しい比であり，また人間が美しいバランスと感じる比であるといわれています。

　数学的には，方程式 $x^2 + x - 1 = 0$ の x（$x > 0$ のみ）が分割点であり，星芒五角形の右図で比　BP：PE の値でもあります。

　どちらかの方法で1を黄金分割する値を求めなさい。(BE=1, BP=x では $x^2 - x - 1 = 0$ となる。P.125)

66

4

ルネサンスと数学
——ミラノ，フィレンツェ，フェラーラ

1　北イタリアとルネサンス

「さあ，澄子お待ちどうさま。お得意の歴史物語をやって下さい。ルネサンス編ですよ。」

「ギリシア古典をもった多くの学者がイタリアへ逃げ込んだところまで話をしたのね。当時，つまり15世紀のイタリアではすでにアッシジなどでルネサンスの運動があったから，これに火がついた形で一気にひろがったのよ。

もう1つの理由が下の図でわかるように，イタリアの各都市が古代ギリシアの都市国家と似た自治都市（コムーネ）であったので，ルネサンスが興りやすかったのです。

この文芸復興の運動は、アッシジからフィレンツェへ、そしてミラノ、ベネチア、ジェノバなど、北イタリア各都市へと発展し、アルプスをこえてヨーロッパへと野火のように広がっていったわけ。

　それまでは精神面ではキリスト教の束ばくを受け、身体面では土地や法律、慣習にしばられて外に出る自由がうばわれていたので、産業活動や通商貿易でこの機会に身心の束ばくをふっ飛ばそうと人々は考えたのでしょう。

　フィレンツェは、13世紀頃まではベネチア、ジェノバ、ピサより発展がおくれていたけれど、やがて内陸都市として産業品の集散地となり、また毛織物・絹織物工業都市として栄えた。それにともなって金融の中心としても急速に繁栄し、15世紀にはイタリア諸都市の中で、国際商業都市のベネチアと並ぶ主導的な地位を確保していました。

　これには、大金融業者メディチ家（もとは薬屋）の力によるところが大きいといいます。

　ところで、メディチ家ってどういう家なの？」

　「いま説明しよう。それにしてもずいぶん詳しく知っていた

メディチ家の紋章（丸薬か？）

フィレンツェの街

4 ルネサンスと数学

ね。"水の都"、"アドリア海の花嫁"などといわれたベネチアに対して、フィレンツェは"花の都"と呼ばれているね。

　お父さんは、フィレンツェの街が一望のもとに見下ろせるミケランジェロ広場に立って、盛大に発展した頃のフィレンツェを想像したが、ふっと、なぜこの内陸、つまり海から離れ山に囲まれた都市が繁栄したのか、と不思議に思った。

　しかし、幅広くゆうゆうと流れる眼下のアルノ河を見てわかったよ。下流の港町ピサから東方諸国の海外の商品を輸入したり、内陸各都市の産物を輸出するのにつごうがよかったのだね。」

　「フィレンツェは、1864～70年イタリアの首都だったそうですね。13～16世紀にフィレンツェにおける画家、彫刻家、建築家さらに文人、学者の輩出数はものすごいですね。」

　「それがさっき澄子の言った大富豪メディチ家による芸術家の育成、歓待、優遇の結果だといえるだろう。

　メディチ家は800年続き、その間の美術品はウフィッツィ宮（美術館）に収められているという。美術品を持ち出し禁止にしたので、9割は保存されたといわれ実に見ごたえがあったよ。

　ゆっくり鑑賞しながら見たら、何時間あっても足りないぐら

い。しかもこの美術館の前には上の写真のようにたくさんの彫刻があって圧倒されたよ。」

「たくさんの芸術家や文人が出たといったけど，数学者の方はどうですか？」

克己君が質問しました。

「科学者としては右のような人がいるね。

ルネサンス期はレオナルド・ダ・ヴィンチを代表する"万能人"が求められていたから，1人でいろいろな才能，たとえば彫刻，建築，絵画，天文，数学，物理，地理などの中のいくつかの才能を発揮する人が多かったね。

現代社会も万能，マルチ的人間が求められているが，躍動する社会が求める人間像はいつの時代も同じなのかも知れない。」

15世紀　トスカネリ
16世紀　ダ・ヴィンチ
17世紀　ガリレオ

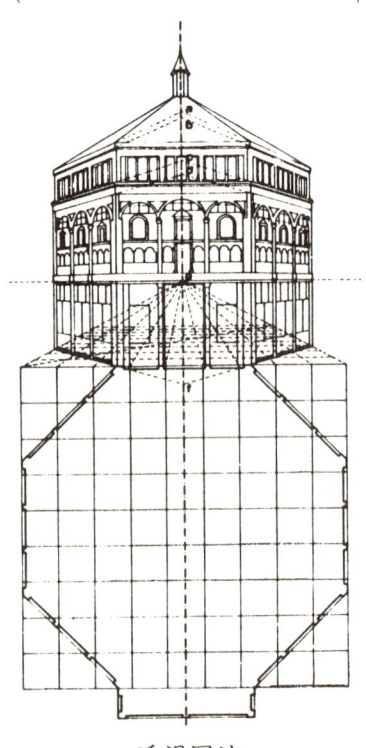

透視図法
(サン・ジョヴァンニ洗礼堂)

4 ルネサンスと数学

2 『東方見聞録』

「以前,新聞に現代版『西方見聞録』への期待が込められた記事があった。中国・杭州市のテレビ局と雑誌社の30代の社員2人が,自転車でシルクロードを西へと世界一周の取材の旅に出たというものだ。」

「"西方見聞録"という言葉がおもしろいですね。ところで,4年程前にお父さんも杭州に行ったことがあるんでしょう。」

美しい西湖と竜のいる島

「杭州は美しい西湖で世界的に有名だけれど,数学上では13世紀にたくさんの数学者が出て黄金時代を築いたことで知られている。この都へは3回探訪旅行したよ。

マルコ・ポーロは,そんな時代に杭州に滞在していたんだね。

彼はベネチアの商人で1275〜92年の約17年間も中国(当時は元)にいたが,彼の父がフビライ汗の信任が厚い政商だったので要職を与えられてよい待遇を受けた,といわれている。

『東方見聞録』は,中国の都市と商工業と交通のこと,さらに日本(ジパング)を含めた各地の情報を書き記したもので,これによってヨーロッパの人々が東洋への関心をよびおこしたね。"東洋へ"ということが結果として交通,地理上のいろいろな発見をすることになった。」

「東西の交流や通商は,十字軍の遠征のときにもあったのでしょう。地中海貿易圏がこれで繁栄しましたね。

草原の道,絹の道,海の道などいろいろのコースがあるし,

東ローマ帝国の首都コンスタンチノープル（現在トルコの都イスタンブール）が，中世の東西文化交流の接点だったのですね。」

「そうだ。やがて中世後期になると，下の図のように北方貿易圏も充実し，通商路が発達しただろう。

ただ，東方貿易には絶好の位置にある北イタリア諸都市の商人は，イスラム商人と通商をもち，東方の商品——胡椒，肉桂などの香辛料や絹織物，宝石，象牙など——を輸入して西ヨーロッパに供給する仲介貿易を，早期からやっていたので，イタリアはヨーロッパの中で最も東洋と多くの接触をもった国だったね。」

「そういえば，世界地図『坤輿万国全図』を北京で発刊したマテオ・リッチも，新大陸の発見者コロンブス，また，北米東岸一帯を探検したカボート父子もイタリア人ですね。」

「いま話に出たマテオ・リッチは数学者でもあるので，少し彼のことを紹介しよう。

彼は16世紀ローマの出身で，カトリック布教のために中国に

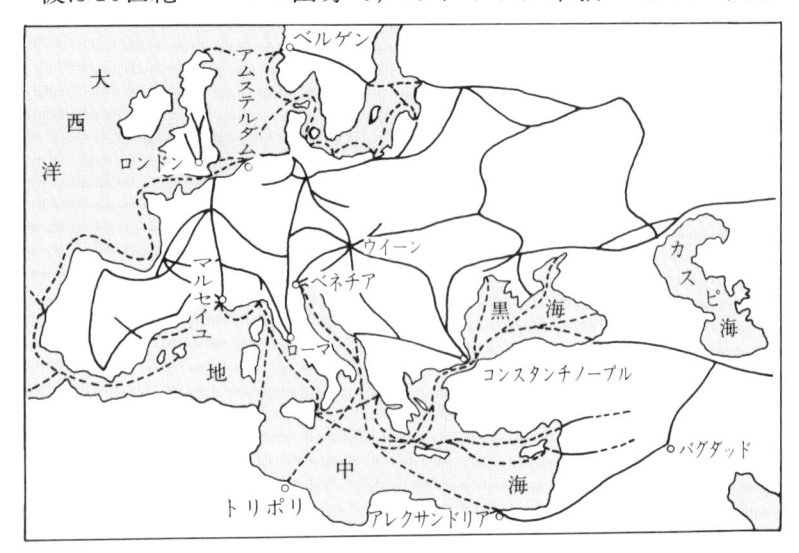

渡ったが，そこで天文学，地理学，幾何学などの知識を紹介したり，いま澄子が言ったように1602年に北京で『坤輿万国全図』を出してアジア人の地理に対する通念を変革するという大きな功績があった。

　彼は中国名をもち，利瑪竇(りまとう)と称したがこのことからも中国の中にとけこみ種々貢献しようとした熱意がみられるね。

　また，間接的ながら日本人にも影響を与えているよ。

　有名な『ユークリッド幾何学』を知っているだろう。

　紀元前3世紀頃ギリシアの幾何学者ユークリッドが，それまでの約300年間に蓄積された幾何や数論などを体系化して13巻にまとめた『原論』を著作したね。これをマテオ・リッチが中国に紹介し，中国数学者徐光啓と共に中国語訳したが，このときgeometryを中国語にするのに，geo（ジェオ）の音と"面積は幾何(ジヘ)か"の2つの点から『幾何』の語を当てたね（P.58参考）。この用語は中国人にはそれなりに意味があったが，明治初めにそっくりそのまま内容もこの語も輸入した日本人には，"ナゼ『幾何』が図形の証明のことを指すのか？"と疑問をもたせることになった。

　日本の数学用語には，中国から輸入したものがほかにもいろいろある。」

(注) function ⇒ 函数(ファンスー)(関数)

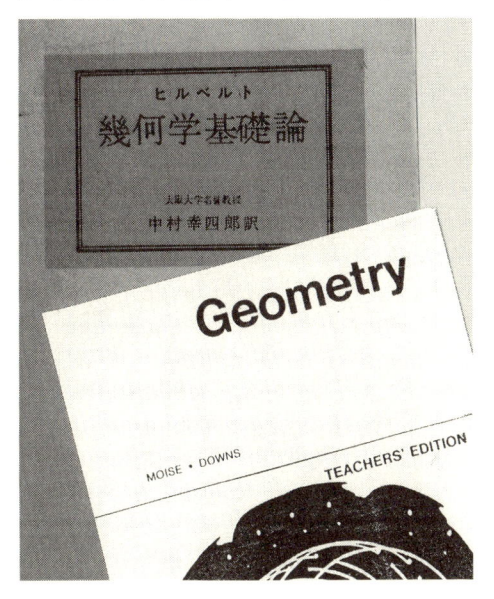

3　地図作り

「マテオ・リッチは，天文学者，地理学者，そして幾何学者であった，という話だけれど，この3つの学問には共通のものがあるんですか？」

「当時，外国との通商が盛んになり，陸路，海路それぞれにいろいろな交通路が作られていっただろう。そのことを考えるとこの3つに関連があることがわかるだろう。」

「天文学は……，海路はもちろん陸路も太陽の角度や星の位置など測定しながら旅行するので必要ですね。少し正確に，ということになると相当の計算が必要でしょう。地理学は……，旅行や通商には欠かせません。そして幾何学は……，何にいるのかな，これはわかりません。」

「下の地図はイタリア15世紀の天文学者，地理学者，そして医者でもあったトスカネリのものだけれど。この地図から，幾何学者としての才能が要求されることがわかるだろう。そうそう彼はフィレンツェの出身でね。」

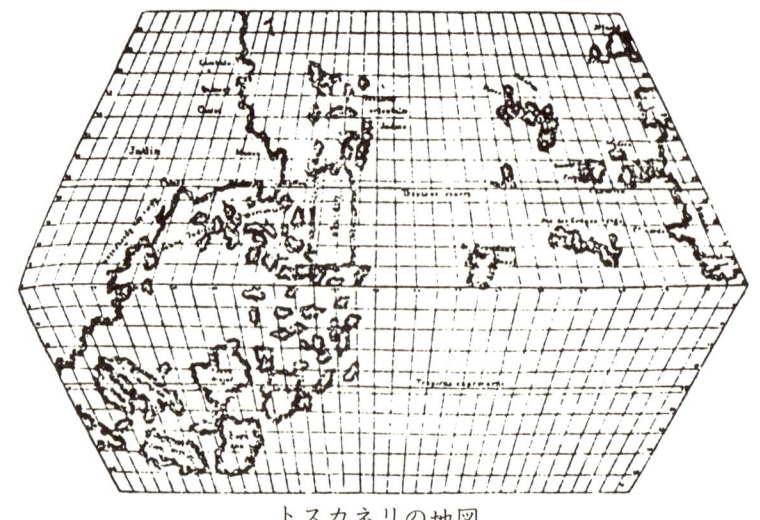

トスカネリの地図

「作図法がずいぶんきちんとしているのに対し，地形図はひどくオソマツで不正確ですね。こんな地図では航海にぜんぜん役立たないんじゃあないですか？」

克己君が地図を見ながら不思議そうにいいました。

「ところがどうして，コロンブスが西航計画の決心を固めたのは，トスカネリからの手紙とそれに同封されたこの地図とによるといわれているんだ。知らないってことは恐ろしいね。

トスカネリはプトレマイオス（2世紀の地理学者，天文学者）の地図をもとに，マルコ・ポーロの報告したカセイ（中国）やジパング（日本）などの位置を推定して作製したという。」

「人間社会に変化が起きるときは，必ずその原因というか起爆剤となるものがある，ということを"歴史"が教えてくれているけれど，この時代の主な原動力は何だったのですか？」

「ある見方をすれば1つあるが，別の見方をすればいくつかの原動力があるね。ちょっと簡単な発展図でまとめてみようか。

大雑把に言うと右のようだね。

イタリア人は利益独占で益々手をひろげるため，東洋への道をさぐった。

当時，ヨーロッパでは香料は等量の銀と交換されるほど高価なものだったから，他のヨーロッパ諸国もいつまでもイタリアだけにもうけさせてはいられなかったわけさ。」

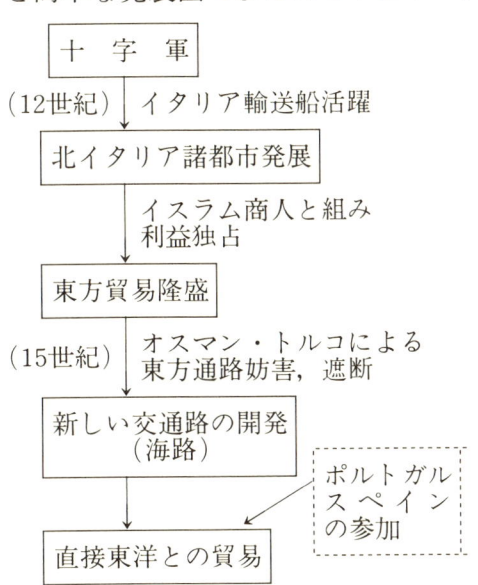

```
       十 字 軍
    (12世紀) │ イタリア輸送船活躍
            ↓
       北イタリア諸都市発展
            │ イスラム商人と組み
            │ 利益独占
            ↓
         東方貿易隆盛
    (15世紀) │ オスマン・トルコによる
            │ 東方通路妨害，遮断
            ↓
        新しい交通路の開発
            (海路)         ┌──────┐
            │         →  │ポルトガル│
            │            │スペイン │
            ↓            │の参加  │
        直接東洋との貿易   └──────┘
```

「時代の流れや変化を図で見るとよくわかるわ。初めの起爆剤は1つでも，途中でいくつも起爆剤が爆発しているのね。
　西洋史上で"地理的発見時代"と呼ばれているのが，トスカネリなどのころのことでしょう？」
「通商活動が盛んになり航海距離が伸びるにしたがい，造船術も向上して，堅牢で速く，外洋航海に耐えるガレオン，カラヴェルなどの新しい形式の帆船が造られた。一方，航海術も進歩し，羅針盤をはじめ，観測器や航海器具も発明されたね。
　そして，これらの技術にまして重要なのが航海路図，地図だね。有名なのがポルトラノ型海図で，これの最古のものが，"ピサ図"（1300年頃）といわれている。ポルトラノの特色は，地図上に多くの方位線が放射状に，網状に張りめぐらされている点であり，これによって必要な航路の方角が地図上で読みとりやすいという長所がある。また，これは地図に目盛りのある縮尺が付された最初のものであるという。
　地球を球体とみなし経緯線による投影法，たとえば，メルカトル図法までにはあと300年の年月が必要とされているんだよ。それまでは経験による推定の地図ということになる。

ガレー船
（ローマ貨幣）　　　　ピサ図

4 透視図法

「再び話をフィレンツェの有名人にもどすがね。15世紀のトスカネリに続いて，16世紀のレオナルド・ダ・ヴィンチをあげなくてはならないだろう。もちろん同時代にミケランジェロがいるが，ちょっと数学に関係ないので彼は省略しよう。

ダ・ヴィンチは，誰でも知っている"万能の人"だけれど，数学としては，透視図法（後に射影幾何学が誕生）の創案者として重要な人物なのだ。」

「ダ・ヴィンチの代表作，『最後の晩餐』はミラノの修道院の食堂に壁画として描かれた，と本で読んだけれど，お父さん今度の旅行で見ましたか？」

「右がその食堂の入口の写真，下の写真が，修復中の『最後の晩餐』だよ。はっきり言って，あまりにも

（1999年修復完了）

ダ・ヴィンチの立像

狭いところに薄汚く描いてあるので驚いたよ。」

「これは遠近法をとり入れた新しい手法の、いわゆる透視図法で、この絵の場合キリストの目から放射状に描かれているんでしょう。」

「絵で遠近関係を表現するのに、それまでは人物なり、ものなりを重ねあわせたり、色の濃淡でそれを示したんだね。この新しい透視図法が一方では地図作りに役立ち、他方で"射影幾何学"という新しい図形学を誕

透視図法の発展

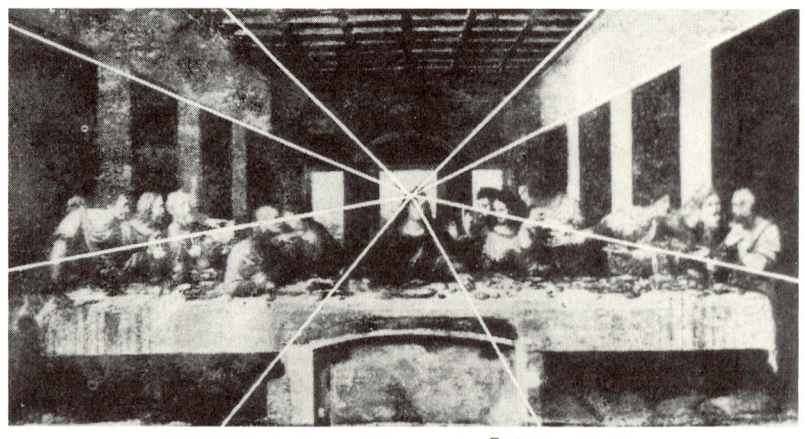

```
┌─────────────────────────────┐
│ポンペイやローマなどの古い壁画│
│に素朴な透視図法がみられる   │
└─────────────┬───────────────┘
              ↓
┌─────────────────────────────┐
│ルネサンス期に中心透視法の絵画│
│が出てくる                   │
└─────────────┬───────────────┘
              ↓
┌─────────────────────────────┐
│レオナルド・ダ・ヴィンチの透視│
│図法『最後の晩餐』(1495〜1497年)│
└─────────────┬───────────────┘
              ↓
┌─────────────────────────────┐
│ドイツ、デューラーの『測法指南』│
│(1525年)                     │
└─────────────┬───────────────┘
              ↓
┌─────────────────────────────┐
│メルカトールの投影図法による海│
│図の出版(1550年)             │
└─────────────────────────────┘
          ↙        ↘
┌──────────────┐ ┌──────────────┐
│デザルグの射影│ │モンジュの画法│
│幾何          │ │幾何          │
└──────┬───────┘ └──────┬───────┘
       ↘               ↙
     ┌─────────────────────┐
     │ポンスレの射影幾何   │
     └─────────────────────┘
```

透視図法を用いて描かれた『最後の晩餐』

生させた。透視円筒図法(下)はスゴイ、アイディアだ。

透視円筒図法

円筒の表面を展開する（三次元を二次元に）

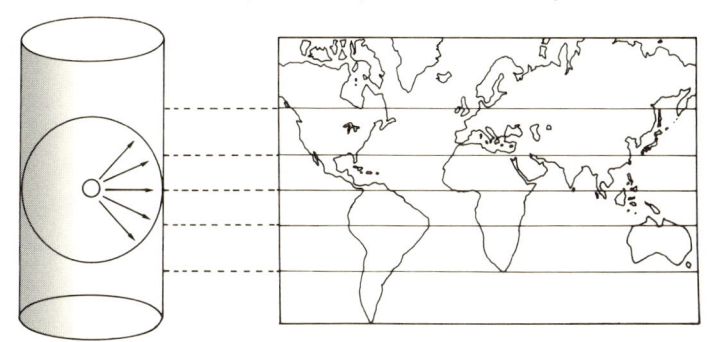

　ここでは"計算"の話が中心なので、これ以上深入りしないが、数学がいろいろな領域、場面から誕生していくことを知って欲しいよ。

　次はいよいよ、大航海時代、"計算"が大活躍、大発展する時代の話をしよう。」

♪♪♪♪♪ できるかな？ ♪♪♪♪♪

　右の写真は、ベネチアからフィレンツェへ行く途中の街、フェラーラにあるエステ家古城の中庭にある大砲と砲弾の山です。

　さて、この砲弾の数はいくつでしょうか。

　数学的な発想で、上手に数えましょう。

〔参考〕　正四角錐の形に積んだときの数の並びを、"四角錐数"といいます。（P.174参照）

| 休 憩 室 | ロメオとジュリエット |

　私は，ミラノ，ベローナ，ベネチア，パドーバ，フェラーラ，ラベンナ，……と旅行しましたが，少し数学から離れ，有名なロマンスの話をしましょう。

　それはベローナで，シェイクスピアの名作『ロミオとジュリエット』の舞台の地です。14世紀後半の物語で，法王系のモンタギュー家息子ロミオと代々憎み合う神聖ローマ系のキャグレット家娘ジュリエットの熱愛悲恋の話ですね。

　右上の写真はジェリエット家の城の前とジュリエットの像。また，下の写真は2人が話をかわした有名なバルコニーです。映画を見た人は思い出して下さい。

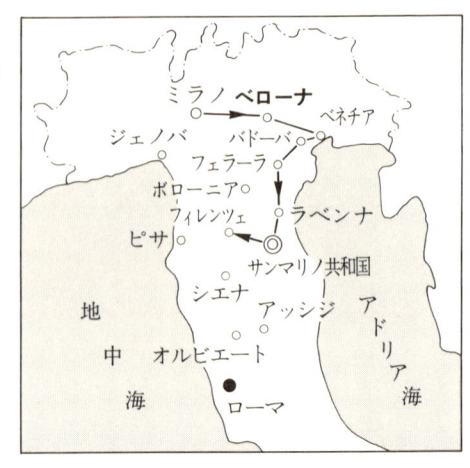

5

大航海時代の計算師
―――ジェノバ

1 新しい航路の発見

「15世紀末から17世紀中頃の期間を，"大航海時代"というそうですが，それ以前の時代でも航海があったのに，ことさらにこういう名称がつけられているのはなぜですか？」

「これまでにも話をしてきたように，12世紀頃から地中海を中心にイタリア人が，また，インド洋ではイスラム人が，あるいは北海でドイツ人が，さらに中国人が，日本人が，と各地の民族が通商の航海をやってきたが，これらはそれぞれ一定の地域に限られていて，地球的規模で，つまり世界全体の商業や政治，文化にかかわったり，影響を与えたりはしていなかったね。

しかし，右の表のように15世紀に入ってからイタリア人とポルトガル人を中心に航海の広さや規模が世界中にひろがったのだ。

イタリア人
ジョンヴァンニ・カボート
コロンブス
アメリゴ・ヴェスプッチ
ポルトガル人
ヘンリー（航海親王とよばれ航海学校を開いた）
バーソロミュー・ディアス（「嵐の岬」を名づけた）
ヴァスコ・ダ・ガマ（インド航路の発見者）
カブラル
マゼラン（最初の世界一周）

まず，1522年のマゼラン世界一周航海で地球が球形であることが実証され，ポルトガル，スペインを始めヨーロッパの各国が通商と植民地探しに大航海をするようになった。」
　「お父さん，イタリアはベネチア，ジェノバ，ピサなど，十字軍時代からの海洋民族だけれど，どうしてポルトガル，スペインが15世紀後半から活躍をはじめたの？」
　「この頃は，ヨーロッパ各国がそれぞれ内戦などが原因で混乱状態にあったが，ポルトガルとスペインはいち早く中央集権化が成立して安定した国家になり，王政維持のための経費の必要から積極的に海外探検を奨励し，その事業のために援助を与えたからだね。それにこの２国はながらくイタリアに協力をして航海術を学び，下地があったし，もうけ方も知っていたんだ。
　スペインから資金援助を得たイタリア人コロンブスは，まさに，その恩恵を受けた代表的な人物だろう。」

◀コロンブスの生家

▼ジェノバ港待合室の胸像　コロンブスのイタリア名は「コロンボ」

5　大航海時代の計算師

　「さっき，コロンブスはトスカネリの手紙と地図で西航計画の決心をした，と話してましたが，2人は知り合いですか。」
　「コロンブスもトスカネリと同じジェノバの生まれだし，時代もほぼ同じだから当然知り合いだったろうよ。
　ジェノバの市民はコロンブスを誇りとしているんだろうね。
　ジェノバ港には胸像，駅前には立派な石像が建っていた。上の写真の後姿はホテルの5階から撮ったのだけれど，コロンブスは手に錨(いかり)をもっている。
　話がそれたけれど，この大航海時代によって，単に通商だけでなく世界中の文化，文明の交流がおこなわれ"全世界が1つ"という形の発端になった点で，この時代に意義があるよ。」
　「よく，現代は宇宙時代，というけれど，それをまねた言い方をすれば，この時代は地球時代と呼んでもいいですね。」
　「地球時代は，これから話をするが計算大発展の時代だったのだよ。記号も計算法も誕生してね。
　宇宙時代には，コンピュータという大型高速計算機が大活躍しているだろう。そういう意味では似ている時代だ。」

2　計算師の登場

「15〜17世紀の"地球時代"。20世紀の"宇宙時代"。この目覚ましい開発時代と『計算』とがどのようにかかわり合うのですか。12世紀のイタリアのように単なる商業算術の必要という単純なものではないでしょう？」

「いや外国との通商ということもあるよ。しかし，もっと大きな問題は天文計算だね。

1986年の春，76年に1度の訪問者といわれるハレー慧星の行動だって，コンピュータによる計算で正確にとらえているだろう。人工衛星や気象衛星なども高度な計算が要求される。」

「大航海時代ではどんな計算が必要とされていたのですか？」

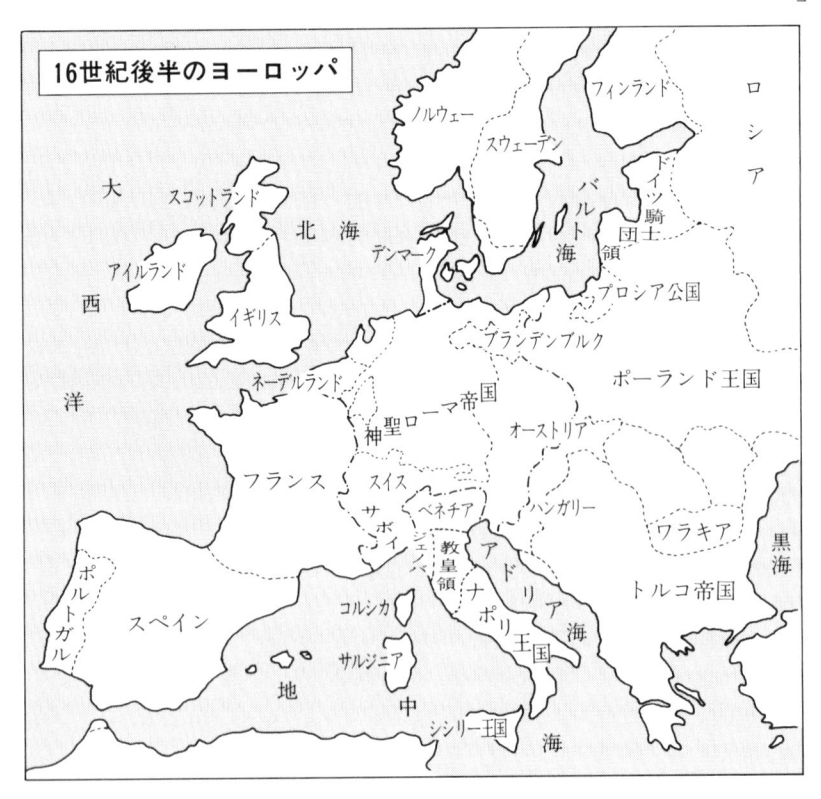

16世紀後半のヨーロッパ

「このことを説明するに当って，この時代に登場した国を紹介しその準備をしよう。

第1段階はイタリア。第2段階はポルトガルとスペイン，この2国は左の図でわかるようにイタリアに近く，早くからジェノバ，ベネチアの商人が通商に出入りしたので，両国は通商の方法を学ぶと共に，利益のおこぼれだけではつまらない，と思っていたんだね。ちょうど，国情が安定したこともあり国の方針として海外進出となったわけだ。」

「第3段階はイギリスとオランダ。第4段階はドイツ，フランスという順でしょう。

海に面した国で，国内が統一された順，といったことかな，国の立ち上りというか，国の勢いというか，興味深いですね。」

「ぼくはイギリスの初期に海賊船が7つの海に出没し，ポルトガルやスペインの商船をおそって財宝をうばった，という話の方が興味あるナ。

イギリスでは，トマス・ウィンダム，ジョン・ホーキンズ，さらに有名なフランシス・ドレイク。その後のハンフリー・ギルバート，サー・ウォルター・ローリーなど他国の船と戦いながら通商し，植民地をふやす活躍をしているでしょう。イギリスの隆盛期ですね。」

「こうした当時の先進諸国の活躍の陰に，平和で豊かだった香料諸島と呼ばれる南方の島々や民族が，やたらに物資を略奪されたり，虐殺，捕虜，処刑，奴隷という悲惨な目に会っているんだよ。勇壮な話の裏側にかわいそうな歴史がある。

これについては『大航海時代』(増田義郎著)に詳しく書かれてあるから，克己はあとで読んでごらん。

一方，7つの海をあばれ回った沢山の船隊も実は命がけの毎

日だった。

　たとえば，コロンブスにしても
ガマ，カブラル，マゼランなど著
名な探険家たちにしても，航海の
途中でしけや座礁遭難などでたく
さんの船や人を失っているだろう。
この他，歴史上に記録されていな
い沈没船は数知れないほどある。

　そこで船主や艦長たちは，安全
な航海をするために天文の観測を
し，船の位置，航路を確認しなが

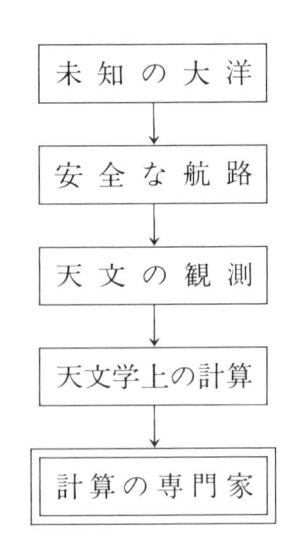

```
未知の大洋
　↓
安全な航路
　↓
天文の観測
　↓
天文学上の計算
　↓
計算の専門家
```

ら進むようにしたが，そのためにはいわゆる"天文学的計算"
といわれる大変めんどうな計算を処理しなくてはならない。そ
うなると計算に達者で優れた人に，計算を依頼することになる。
そこでこの要求に応えて誕生したのが"計算師"（計算親方とも
いう）と呼ばれる専門家だ。

　彼等は計算に関してたくさんの業績を残しているが，まず第
一に紹介したいのが演算用記号の発明だ。

　計算師たちは，少しでも計算の能率をあげ，迅速に処理するために，それまで文章でながながと書いていた"式"を，記号だけの式にする工夫をした。

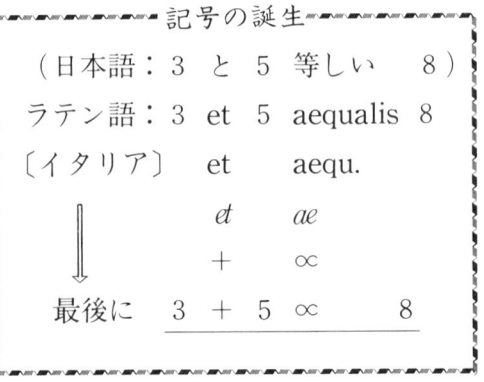

```
────── 記号の誕生 ──────
（日本語：3 と 5 等しい 8）
ラテン語：3 et 5 aequalis 8
〔イタリア〕  et    aequ.
    ⇓       et    ae
            +     ∞
最後に  3 + 5 ∞    8
```

　その一例が右のものだよ。」

5　大航海時代の計算師

「アラ，おもしろいわね。記号＋は『と（そして）』という語を早く書いてできたもの，∝は『等しい』という語の頭の部分の図案化というわけですね。でも現在の等号は＝でしょう。ちょっとちがうけれど，どうしたんですか？

また，－，×，÷などはどこからできたんですか？」

澄子さんが大変興味を示しました。

「等号（＝）はイギリスのレコードが，著書『知恵の砥石』（1557年）という代数書の中で初めて使った。ヨーロッパではしばらく等号として∝と＝が用いられたけれど，＝の方が等しい関係をよく表わしているので広く使用され，今日＝が一般的になった。しかし，現在でも∝は本によって使用されているんだよ。右の図はレコードの本の一部で，＝の線の長さが長いだろう。彼は平行線から考えていたという。

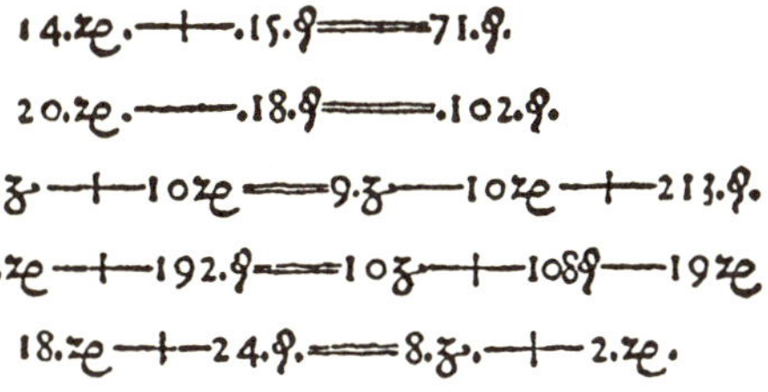

レコードの等号

その他の記号の発明者は下のようだよ。」(ゲルマン人が多い)

記号	年	国	人
＋，－	（1480年頃あった）		
	1489年	ドイツ	ウィドマン（P.12参照）
√	1521年	ドイツ	ルドルフ
（　）	1556年	イタリア	タルタリア
＝	1557年	イギリス	レコード
÷	1559年	スイス	ハインリッヒ
×	1631年	イギリス	オートレッド
＞，＜	1631年	イギリス	ハリオット
・（乗法）	1698年	ドイツ	ライプニッツ

「平方根（$\sqrt{4}=2$，$\sqrt{9}=3$など）の記号$\sqrt{}$は，square rootのrを図案化したものだ，と中学の先生が教えてくれたけれど，－，×，÷はどういうところから生まれたのですか？」

「言い伝えだからあまり正確なこととは思えないが，－はminusのmを早く書いたところから，というのと，初期の記号$\overline{m}$の－だけが残ったという2説がある。また，×は右の電光法というかけ算の手順から，÷は分数の形から，といわれている。

これをきっかけとして計算の世界だけでなく，それ以後の数学は文章数学から記号数学へと大きな変化をしていくんだ。"計算師"の功績は大きいね。数学にはまだいろいろの記号があるが，これはあとで（P.133）教えることにしよう。」

「計算師の人たちはあとどんなことをやったのですか？」

「お金をとって複雑でめんどうな計算をした。これはちょうど現代のコンピュータ・センターやその種の会社と同じだね。そこでね，コンピュータ関係者は計算処理その他の仕事のほかにどんなことをしているか考えてごらん。」

「多くの人たちが使えるように，コンピュータ使用の解説書を作成していますね。」

「そういえばそうね。最近はコンピュータの専門学校や大学にも情報処理学科のようなものがふえてきたわ。」

「現在と全く同じで，"計算師"たちも，能率よい工夫と共に教科書を書き，計算学校を開設していたというよ。

さて，彼等はあと2つ後世へよいおくりものを残していってくれたのだが――。それは何だと思う？」

「まだあるんですか。何だろうナ。」

3 速算術の発展

「ではね，次の問題を解くことを通して，2人にその1つの答を言ってもらうことにしよう。」

お父さんはこう言って下の問題を出しました。あなたも計算し，それから大事なことを発見して下さい。

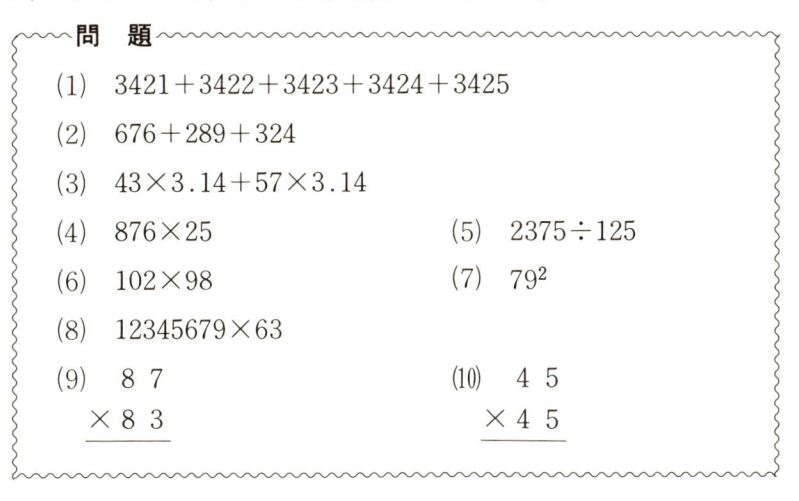

問 題

(1) $3421+3422+3423+3424+3425$

(2) $676+289+324$

(3) $43×3.14+57×3.14$

(4) $876×25$ 　　　(5) $2375÷125$

(6) $102×98$ 　　　(7) 79^2

(8) $12345679×63$

(9) 　87 　　　　　(10) 　45
　　$×83$ 　　　　　　　$×45$

「さーてと，だいぶ時間がたったけれど，とりあえず答は出たかナ。小学生で出来る問題だからまちがえるなんてことはないだろうが，うまい工夫で計算したかい。」

「ああやっぱり，計算の工夫の問題なんですね。どうも一見簡単なのにひとくせありそうな形ばかりだと思った。でも，いい工夫ができないのもあるな。

澄子，答合わせしよう。やり方と答を言ってごらん。」

「お兄さんはずるいんだから。私に恥をかかせようとして。」

そんな会話のあと，2人はもう一度問題を見直しながら，もっとうまい工夫がないかな，と考えています。

「では言うわよ。

〔澄子さんの方法〕
(1)　
```
  3 4 2 1
  3 4 2 2
  3 4 2 3
  3 4 2 4
+ 3 4 2 5
```
　　点のワク内は皆同じだから，暗算で
　　　　$3420×5+(1+2+3+4+5)$
　　　　$=17100+15$
　　　　$=\underline{17115}$
　　（$3423×5$ としてもいい）

(2)　第2と第3の数を交換法則で入れかえて，
　　$676+(289+324)=676+(324+289)$
　　　　　　　　　　$=\underline{676+324}+289$
　　　　　　　　　　$=1000\quad +289$
　　　　　　　　　　$=\underline{1289}$

(3)　分配法則　$a(b+c)=ab+ac$ の反対を使って，
　　$43×3.14+57×3.14=(43+57)×3.14$
　　　　　　　　　　　　$=100×3.14$
　　　　　　　　　　　　$=\underline{314}$
あとはふつうに計算して，答は，
(4)　21900　　(5)　19　　(6)　9996　　(7)　6241
(8)　777777777　　(9)　7221　　(10)　2025

ですが——。(4)〜(10)の計算でうまい工夫がありますか。」
「ぼくは(4)，(5)は数の性質，(6)，(7)は中学3年で習った乗法公式を使って計算してみたよ。ちょっと澄子に公式の説明をしてあげようか。
　①は和と差の積
　②は差の平方
と呼ばれている公式だよ。

$$①(a+b)(a-b)=a^2-b^2$$
$$②(a-b)^2=a^2-2ab+b^2$$

〔克己君の方法〕

(4) $876 \times 25 = 876 \times (100 \div 4)$
$= \underline{876 \div 4} \times 100$
$= 219 \times 100$
$= 21900$

25倍するより，4で割る計算の方がらく。

(5) $2375 \div 125 = 2375 \div (1000 \div 8)$
$= \underline{2375 \times 8} \div 1000$
$= 19000 \quad \div 1000$
$= 19$

125で割るより8倍の方がらく。

(6) $102 \times 98 = (100+2)(100-2)$ だから，左の乗法公式 ①で $a=100$, $b=2$ と考えて
(上の式)$=100^2 - 2^2$
$= 10000 - 4$
$= 9996$

(7) $79^2 = (80-1)^2$ だから，乗法公式②で $a=80$, $b=1$ と考えて
(上の式)$= 80^2 - 2 \cdot 80 \cdot 1 + 1^2$
$= 6400 - 160 + 1$
$= 6241$

以上です。みんな暗算でやりました。ところで，(8)～(10)はどう考えるのかな。

お父さん教えて下さい。」

「(8)は不思議な結果をもつ計算，(9)，(10)は計算師が考案したと伝えられている代表的速算で，どちらも有名なものだよ。

ではいよいよ，トリの登場！ ということにしよう。」

〔お父さんの方法〕

(8) まず前段として,
123456789×9
の結果はきれいな「1並び」
となる。

```
    1 2 3 4 5 6 7 9
  ×               9
  ─────────────────
    1 1 1 1 1 1 1 1 1
```

そこで ×18 (9×2) とすれば「2並び」であるから
×63 (9×7) は「7並び」で答は 777777777

(9)と(10)は次のように計算する。

```
      8 7            4 5
   ×  8 3         ×  4 5
   ──────         ──────
    7 2 2 1        2 0 2 5
```
(8+1)×8 7×3　(4+1)×4 5×5

──── タイプ ────
$10a + b$
$\times 10a + c$
ただし, $b+c=10$
────────────────

この速算は右のタイプ, つまり,
$\begin{cases} \text{一の位の数字の和が10} \\ \text{十の位の数字が等しい} \end{cases}$
ときだけに通用するもので, でたらめでない証拠に, 右のようにして正しい計算であることが証明される。

「では, わかったら, 下の問題で計算の練習をしてごらん。」

```
   3 6    5 2    6 1
 × 3 4  × 5 8  × 6 9
 ─────  ─────  ─────

   8 3    7 5    1 5
 × 8 7  × 7 5  × 1 5
 ─────  ─────  ─────
```

〔証明〕

$10a + b$
$\times \quad 10a + c$
─────────────
$100a^2 + 10ab$
$\qquad 10ac \qquad + bc$
─────────────
$100a^2 + 10a(b+c) + bc$

上の式で $b+c=10$ だから
(式)$= 100a^2 + 100a + bc$
$= \underline{100a(a+1) + bc}$

bc とは一の位の数字の和。
$100a(a+1)$ は, $a(a+1)$ の結果は百の位以上であるので bc と関係ないことを示す。

4　新しい数学の創造

「アア～～～，くたびれたわ，計算は苦手なので疲れがひどい。」
澄子さんがブツブツ言っています。

でも，計算の工夫のおもしろさも感じたでしょうね。あなたはどうですか。

「計算師のもう1つの数学上の功績は何ですか？」

「それは新しい数学の創造ということだ。彼等は計算の能率をあげるために，記号化し，速算術を工夫し，そして，もっと強力にスピードをあげるために，計算の処理能率向上の数学を創り出したのさ。その熱意や意欲はすごいね。」

「計算師の仕事をまとめると，右のようになりますね。

200年たらずの間に，ずいぶんいろいろな仕事をやっているのですね。各国に相当の人数がいたのですか。」

計算師
- 職業人として
  - 計算高速処理業
  - 計算教科書作製
  - 計算学校設立
- 研究者として
  - 記号化
  - 速算術
  - 新しい数学創造

「有名な人以外のことは，ほとんど知られていないので，どの位の人が活躍したかわからない。

しかし，著名な計算師の本に，次のものがある。

ワグネル　　　　『計算書』（1482年・ドイツ）
ウィドマン　　　『全商業のための機敏にして親切な計算』
　　　　　　　　（1489年・ドイツ）
パチオリ　　　　『算術，幾何学，比および比例論大全』
　　　　　　　　（1494年・イタリア）
ケーベル　　　　『小計算書』（1514年・ドイツ）
アダム・リーゼ　『計算器およびペンによる計算』（1522年・ド

　　　　　　　　イツ）
トンストール　　『計算術について』（1522年・イギリス）
レコード　　　　『技術の基礎』（1540年頃・イギリス）
カルダノ　　　　『算術の大技術』（1545年・イタリア）
レコード　　　　『知恵の砥石』（1557年・イギリス）
タルタリア　　　『数と量の一般論』（1560年・イタリア）
クラヴィウス　　『算術』（1583年・ドイツ）
オートレッド　　『数学への鍵』（1631年・イギリス）

　商業算術から次第に計算術へと移っていくことがわかる。もっと高度の本もあるが，ここでは省略しよう。
　さて，近世の三大発明，というと"羅針盤，火薬，印刷術"だけれど，近世の数学三大発明，というものもある。これらが計算師たちの創案なのさ。克己，何だと思う？」
　「何だろうな――，計算師にとって便利なものだから，射影幾何や微分のようなものではないだろうし。ああわかった！
　1つは"対数"でしょう。これを高校で習ったとき，先生が"天文学者の寿命を2倍にした（仕事の能率が倍になった），といわれた"と話したことを思い出した。これでしょう？」
　「なあに？　その対数というのは？」
　「丁寧に説明するのは大変だから簡単に言うと，計算を1段階下げる計算法なんだ。
　たとえば，かけ算はたし算に，累乗はかけ算に，と易しくする方法なので，計算の能率がすごくよくなる。わり算は引き算ですむんだよ。」

5 大航海時代の計算師

「簡単に書くと右のような計算になる。

ここで $\log a$ や $\log b$ の値はどうやって求めるのかというと, "対数"の創案者である, イギリスのネピア, スイスのビュルギらが, 長年かかって $\log 1$ から $\log 100$ までの各値を小数点以下4桁まで計算し, 対数表というものを作っているのさ。

たとえば, $\log 1 = 0$,
$\log 10 = 1$, $\log 50 = 1.6990$
$\log 80 = 1.9031$, $\log 100 = 2$
などという具合でね。

まさに, この表を作った計算力というのはものすごい。

（乗法） $x = ab$ のとき
両辺の対数をとって
$\log x = \log a + \log b$

（除法） $x = \dfrac{a}{b}$

両辺の対数をとって
$\log x = \log a - \log b$

（累乗） $x = a^n$
両辺の対数をとって
$\log x = n \times \log a$

（累乗根） $x = \sqrt[n]{a}$
これは $x = a^{\frac{1}{n}}$
両辺の対数をとって
$\log x = \dfrac{1}{n} \log a$
$\quad\quad = \log a \div n$

いま, $\dfrac{2^4 \times \sqrt[3]{64 \times 931 \div 27}}{5}$ の計算は, 対数をとると,

$$\log x = \left\{ 4\log 2 + \dfrac{1}{3}\left(\log 64 + \log 931 - \log 27 \right) \right\} - \log 5$$

を計算すればよい。対数表がないときは, 下の写真のような対数目盛りの計算尺を用いる。

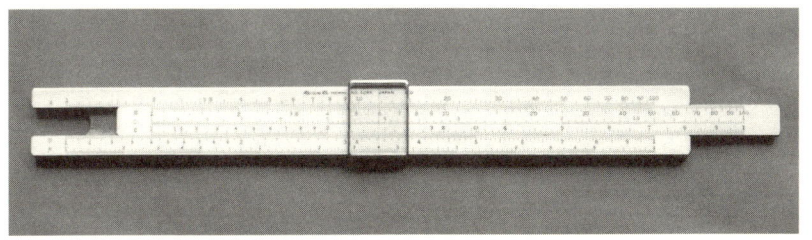

「計算尺というのは何ですか？」

「もう澄子たちは知らないね。40年も前だと建築師，設計師などいつも小型計算尺をポケットに入れてもち歩いたものだよ。高校の教科書でも有効な計算器具として"対数"と共に相当ページをさいて教えていたけれどね。電卓が出来たらこの大発明もスットンでしまった。

"対数"とは logarithmus といい　log（比）—arithmus（算術）で『比の計算』のことだ。

計算尺は目盛りが一定の間隔でないのが特徴で，天文学教授のガンターが考案したものだよ。」

だまって聞いていた澄子さんが，

「計算が1段階らくになるなら私たちも習いたかったわ。ところであと2つは何ですか？」

と質問しました。お父さんはニヤニヤして，

「2人とも，というより誰でも知っているものさ。」

と答えました。一体，どんな数学なんでしょうか。

「では教えよう。1つはインド式位取り記数法，もう1つは小数だよ。」

2人はビックリしました。

「お父さん，インド式位取り記数法はインド人の発明でしょう。アラビアを経過してフィボナッチによってヨーロッパに伝えられた，って言ってたじゃあないの。それから分数が5000年も昔からあったのだから，小数だって大昔からあったんでしょう。

お父さん，私たちをからかわないでちょうだい！」

澄子さんが怒って言いました。

「ウン，確かにインド式位取り記数法は澄子の言う通りで，

5　大航海時代の計算師

本来ヨーロッパ人の発明ではないね。しかし，数字の形が時代によってどんどん変化しているだろう。（P.54参照）

変化を続ける限り社会に信用されないし，定着もしないのさ。

現に，フィレンツェの役所では公の記録数字ではローマ数字しか認めていないという時期があるんだよ。

ここで言う3大発明とは，印刷術が発達してインド式数字―実は今日の形の算用数字―が固定し，広く使用されるようになった時点で，"発明"としたわけだね。

次は小数だ。これは数学を専攻する大学生でも信じないぐらいで，誰も大昔からあったと思っている。お父さんもそう思っていたよ。

強いて言えば，シュメール，バビロニア人が分母を一定の60とした分数（六十進小数），つまりは小数的なものを使用していたが，分母が10の本式の小数の誕生は16世紀になる。

なぜ，小数の発明がおくれたかわかるかい？」

「それは，昔の記数法が十進位取り記数法でなかったからでしょう。

ヨーロッパ数学では16世紀の発明だけれど，古くから十進法を採用している印度，中国，日本では遙か大昔から小数の発明があるんですよね。

その証拠に1より小さい数の呼び名が10単位毎にできています。ちょっと思い出してみますよ。小数点以下，浄まで23の名称がつけられているんです。東洋の方が進んでますよ。」

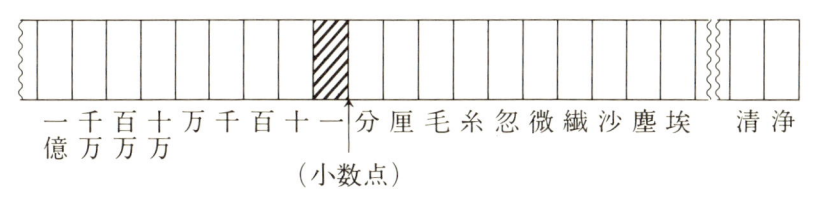

一千百十万千百十一　分厘毛糸忽微繊沙塵埃　　清浄
　億万万万
　　　　　　　　（小数点）

「昔から，東洋は小数文化圏，西洋は分数文化圏といわれている。さて，ヨーロッパでの"小数"の発明は，航海の必要や計算師の創案から生まれたのだろう，という2人の予想とは別に，オランダの名も無い軍隊経理部勤務のステヴンという人物によるのだよ。

彼は兵隊たちの給与計算や前貸しの利息計算が大変めんどうだったことから，端数計算の能率良い方法として小数を創案し，これを『小数算』(1585年) という本にして出版した。

といっても彼の小数の表現は，現在のものとは似ても似つかないものだったね。

小数のアイディアは角度，時間の表記であり，この点ではシュメール人と同じ六十進法の考えだが，それを十進法におきかえ，位取りがわかるように，小さく0，1,2,3などを付記したのだ。

$$2°7'6''4'''$$

$$\overset{0\ 1\ 2\ 3}{2\ 7\ 6\ 4} \quad 2⓪7①6②4③$$

2.764　(1592年　ビュルギ)
↓
2|764　(1598年　ヴィエト)
↓
2.764　(1605年　ネピア)

このあといろいろな表記が工夫され，今日の書き方である小数点に到達するのに，なんと20年もかかっているよ。

記号など，使い慣れると何でもないようだが，これが出来るまでは大変なのだね。」

「お父さん，小数点の

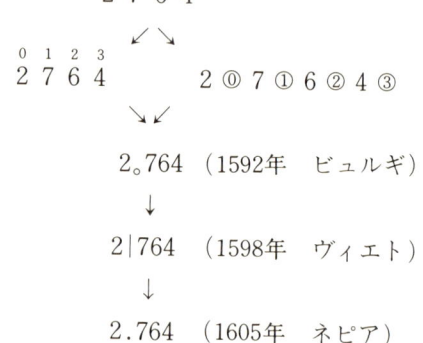

もっと速くらくに計算できたらなァ……。

話で思い出したけれど,私は小学生の頃から,(小数)÷(小数)で余りの数の小数点の位置が商のもとの位置になる,というのがわからなかったの。

たとえば,こんな計算です。

友だちも"意味がわからない"といいながらやっていたわ。

この機会に教えて下さい。」

「正答が出せるのでいいようなものだけれど,わからずにやっているなんて気持ちが悪いものだろう。

算数・数学には,計算そのものは簡単なのに,その方法について質問されると答えられない,というものがいくつもあるね。」

「そうよ,まだあったわ。」

澄子さんが勢いづいてきました。

「分数のたし算とかけ算のやり方がちがう点,分数のわり算で,わる数をひっくり返してかけるという理由,マイナスかけるマイナスがプラスになる,つまり,赤字と赤字をかけて黒字になるという不思議……。

(1)　$58.291 \div 2.34$

```
        2 4.9
2,34)5 8,2 9.1
     4 6 8
     1 1 4 9
       9 3 6
       2 1 3 1
       2 1 0 6
         0 0 2 5
```

答 24.9　余り 0.025

(2) $\dfrac{2}{7} + \dfrac{3}{7} = \dfrac{2+3}{7}$ と計算するのに, $\dfrac{2}{7} \times \dfrac{3}{7} = \dfrac{2 \times 3}{7}$ はダメ。

(3) $\dfrac{2}{5} \div \dfrac{3}{4} \to \dfrac{2}{5} \times \dfrac{4}{3}$

(4) $(-4) \times (-5) = (+20)$

考えてみると,ずいぶんわからないまま勉強してきたナ。」

「高校の数学になるともっと不思議なこと，奇妙なことがふえてくるよ。

澄子が高校に入ってビックリしないように有名なものを少し教えておくけれど……」

克己君がお兄さんらしく，いろいろな例をあげて説明をはじめました。

数学というのは，厳密に構成されている，といわれるのに，小学校や中学校時代の約束やルールが高校の数学で破られているのですね。

だから，いつまでも同じ感覚でやっていると，わからなくなってしまうわけです。

"新しい数学"が誕生すると，これまでのルールを最大限に守りながら，しかも，新しい数学の構成ができるように新ルールを作っていく，というのが数学の基本姿勢です。

(1) 虚数では
$$\sqrt{(-2)} \times \sqrt{(-8)}$$
$$= \sqrt{(-2)(-8)}$$
$$= \sqrt{16}$$
$$= 4，ではなくて，$$
$$\sqrt{2}\,i \times \sqrt{8}\,i$$
$$= \sqrt{2 \times 8}\,i^2$$
$$= -\sqrt{16} = -4 \qquad 答は-4$$

(2) 行列では交換法則が成り立たない
$$\begin{pmatrix} 3 & 1 \\ 5 & 2 \end{pmatrix}\begin{pmatrix} 4 & 0 \\ 3 & 2 \end{pmatrix} = \begin{pmatrix} 15 & 2 \\ 26 & 4 \end{pmatrix}$$
$$\begin{pmatrix} 4 & 0 \\ 3 & 2 \end{pmatrix}\begin{pmatrix} 3 & 1 \\ 5 & 2 \end{pmatrix} = \begin{pmatrix} 12 & 4 \\ 19 & 7 \end{pmatrix}$$

(3) ベクトルでは三角形の2辺の和と1辺が等しくなる

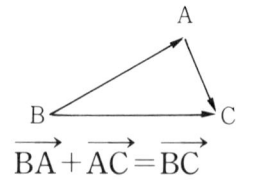

$$\overrightarrow{BA} + \overrightarrow{AC} = \overrightarrow{BC}$$

(4) 指数計算では
$$3^0 = 1, \quad 5^0 = 1$$
でも $3 = 5$ ではない

だから"常識"とちがうこともありますが，それは数学上で矛盾がないように，形式が整うように"約束"をしているのだ，と考えることが大切です。

"数学を創る心"を知ることが大切なんですよ。

5　大航海時代の計算師

「数学は暗記ものではないって言うけれど，ルールは暗記しなくてはならないのね。」

「地理で地名をおぼえ，歴史で年代をおぼえ，理科で植物名をおぼえる，といった形の暗記ものではないけれど，スポーツでそのルールを知らないとできないようなものさ。ルールの部分は記憶していなくてはならないだろう。

また，スポーツのルールにそれなりの決めた理由があるように，数学のルールにもそれを決めた根拠があるね。数学では，その根拠の説明ができないといけないんだ。できないと，本当にわかった，ということにならない。

澄子と克己がそれぞれ4つずつ不思議な例をあげたけれど，これらについて説明ができないと，技術は出来るが意味がわからない，悪く言うと計算ロボットのようなものだよ。

話がすっかり発展してしまったけれど，初めの澄子の質問にもどろう。まずは小数のたし算，ひき算からいこうか。

整数どうしでは末位をそろえるのに，ナゼ小数どうしでは末位をそろえないのか。まずこのことを考えてもらおう。」

お父さんはこう言って下の式を書きました。

```
  整数どうし        小数どうし
   5436           543.6
  +8207          + 82.07
```

「見た目はちがうけれど，位取りをそろえる点では同じ形式でしょう。」

「そうだね。では，小数どうしのかけ算で，2数の小数点以下の数の和（2＋1）だけ，答の小数点を移す

```
     4.72
  ×   6.3
    1416
   2832
   29.736
```

が，その理由は？」

「これは右のように，2数をそれぞれ何倍かして整数どうしにして計算し，答を何倍かした分でわればいいわけです。」

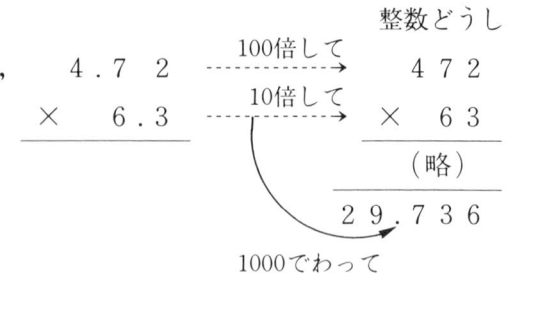

```
                              整数どうし
      4.7 2   100倍して    4 7 2
   ×    6.3   10倍して   ×   6 3
   ─────────              ─────────
                            （略）
                          ─────────
       2 9.7 3 6
                1000でわって
```

「小数どうしのわり算も同じだね。問題はわり切れないときの余りだ。ていねいに進んできたから，もう澄子も理由に気がついただろう。説明してごらん。」

「わる数もわられる数も100倍したわけでしょう。

だから商は100倍に関係ないけれど，余りの方は初めの数にもどさないといけないのね。いま右の計算をかけ算の式になおしてみると，

```
               2 4.9
   2,34)5 8,2 9.1
          4 6 8
          ─────
          1 1 4 9
            9 3 6
            ─────
            2 1 3 1
            2 1 0 6
            ───────
              0.0 2 5
```

$5829.1 - 234 \times 24.9 = 2.5$

で，わり算では 100 でわってもとの式にもどすと，

$\underset{\text{　}}{58.291} - \underset{\text{商}}{2.34 \times 24.9} = \underset{\text{余り}}{0.025}$

ということです。」

∮∮∮∮∮ できるかな？ ∮∮∮∮∮

これで99ページの澄子さんの(1)の疑問は解けました。残りの(2)～(4)の計算の疑問をあなたに説明してもらいましょう。

❻

《方程式》のオリンピック
——ボローニャ

1　方程式の歴史

「さて，"計算"の中でも数の計算と並ぶ代表が方程式だね。この歴史は大変古く，また常に代数の旗手として数学発展史上の華であったよ。しかも過去形ではなく現代社会で欠くことができない20世紀の数学"L. P."(線形計画, Linear Programming P.129参照)で，不等式と共に有用な活躍をしている古くて新しい数学といえるのだ。

そこでその初めに，方程式の歴史から考えてみることにしようね。」

「方程式が計算と深い関係があることは，ずいぶん苦しめられたから知っているけれど，北イタリア旅行とはどんな関係があるんですか？」

と澄子さんが鋭い質問です。

「あとで話をするが，16世紀頃，北イタリア各都市に一流の数学者が多数輩出し，方程式解法試合が展開されたのだよ。だから北イタリアは方程式の話を抜きにしては話にならないんだ。」

「"方程式のオリンピック"ということですか。数学の世界にオリンピックがあるなんて知らなかったな。

数学ではスポーツみたいに競技的なことができるんですか？」

「数学では古今東西，競争，試合，オリンピックが盛んだね。

前に話した算盤派と筆算派の公式試合（P.64の絵）もそれだし，世界的な円周率の桁数競争—今日ではコンピュータで1兆2千億余桁まで求められているという—，日本でも江戸時代の愛宕山算額事件による数学試合，世界の大都市の回りもちでおこなわれている"国際数学オリンピック"などなど，枚挙にいとまなし，というところだよ。」

　克己君が続けて質問しました。

「他の学問では，試合とか競争とかがないのに，なんで数学では多いんでしょうか？」

「これが数学の特性というものだね。さっき2人に同じ問題10問（P.89）やってもらったが，このとき"ヨーイドン"といってどちらが早く全問題解くか競争させることができるだろう。

　数学というのは，

○100m，1万m，42.195km 走る，

○幅跳びをする，高跳びをする，

といった競技に似ていて，単純かつ単線的なものなのだね。

　だから，誰が早く問題を解いたか，どっちがよりよいアイディアを出したか，が第三者だけでなく本人たちにもわかる。それが競争，試合という形になるんだ。

　右の本は，1949年から毎年おこなわれているポーランドの"数学オリンピック"の本で，出題された問題と解答がつけてある。

　解けたか，解けなかったか，これで優劣がわかるという，数学の明快さが競争の対象となった。」

「数学のそういう点は興味深いけれ

6 《方程式》のオリンピック

ど，自分の力がはっきりわかるという点ではイヤネ。」

と，数学があまり好きでない澄子さんは敬遠気味です。

「まあ，そんな下知識をもとに，方程式の話に入ることとしよう。

人類最古の数学書って知っているだろう。」

「ええ，紀元前1700年頃，古代エジプトの写字吏アーメスが書きまとめたといわれる『アーメス・パピルス』がそれでしょう。」

「そうだね。方程式の内容が，これにのっている。このパピルスはそれ以前200年の数学内容を書きまとめたもの，といわれているので，実際にはいまから約4000年の昔に方程式の計算がされていたということになるだろう。

ずいぶん古い数学だ。」

「どんな形で出ているんですか？」

「下に象形文字があるね。これは次のような文だよ。

"ある数があってその $\frac{2}{3}$ とその $\frac{1}{2}$ とその $\frac{1}{7}$ とその全体とで37である。ある数はいくらか。"

このある数，つまり未知量に対して hau（日本語では堆と訳す）と呼んでいた。hau を現代流の x とおくと，下の内容は次の一次方程式で表わせる。

$$\frac{2}{3}x + \frac{1}{2}x + \frac{1}{7}x + x = 37$$

「カジョリー数学史」より（象形文字）

Hā′	neb-f	ma-f	ro sefex-f	hi-f xeper-f	em	sa safex;
堆（未知数）	その $\frac{2}{3}$	その $\frac{1}{2}$	その $\frac{1}{7}$	その全体	で	37

こうした一次方程式のタイプが11問扱われている。

次は，紀元4世紀頃のアレクサンドリア時代の最後，しかもギリシア数学者では数少ない代数学者といわれたディオファントスの方程式研究だ。

彼は未知数に対して文字記号を用いたり，方程式の分類をしたり，さらに $2x-3y=1$ という整数解が1組に決まらない形の不定方程式についても研究している驚くべき偉大な学者なのだが，家系，生地，生没年さえはっきりしていない。

ただ，彼の墓碑といわれているものに次の文があり，これから彼が何歳まで生きていたかが読みとれる。澄子，いま読むから計算してごらん。

"ディオファントスは，その生涯の $\frac{1}{6}$ を少年，$\frac{1}{12}$ を青年，$\frac{1}{7}$ を独身者として過ごした。彼が結婚してから5年で子どもが生まれた。この子どもは父より4年前に父の年齢の半分でこの世を去った。"

さあ，ディオファントスは何歳まで生きたかな。」

「一次方程式で解けるんでしょう。やってみます。

まずディオファントスが x 歳まで生きたとすると……。

ちょっと図で考えながら方程式を作ってみます。

$$\frac{1}{6}x+\frac{1}{12}x+\frac{1}{7}x+5+\frac{1}{2}x+4=x$$

$$x-\left(\frac{1}{6}+\frac{1}{12}+\frac{1}{7}+\frac{1}{2}\right)x=5+4$$

$$\frac{9}{84}x=9 \qquad よって\ x=84$$

答84歳

6 《方程式》のオリンピック

昔の人としてはずいぶん長生きなんですね。正解でしょう？」

「正しいよ。彼の最大の業績は『アリトメティカ』(数論) 13巻の著書があり，いま話した『アーメス・パピルス』が1858年イギリスの考古学者リンドに発見されるまでは，世界最古の代数学書といわれていたんだ。」

「130年位前まではディオファントスが世界記録をもっていた，というわけね。もし生きていたらパピルス発見者のリンドを憎く思ったでしょうね。」

「なにも，澄子がくやしがることはないだろう。

次はインドに移ろう。ここは代数の国だから方程式もずいぶん発展したよ。」

「古代の各国では，ギリシアを除くと代数が主になっているでしょう。そこには何か理由があるんですか？」

澄子らしい質問です。

「そうだね。世界四大文化発祥の地であるエジプト，メソポタミア，インド，中国が，みな計算重視だった。その原因は……。」

「私に言わせて！

お父さん式に流れ図でかくと右のようになります。

王の次に勢力を握る神官，僧侶は，暦作りをすることが大切な仕事であり，そのために天文学をおさめた。そこで計算の必要から代数の勉強をした。

そういう構図になったんでしょう。どの民族も。」

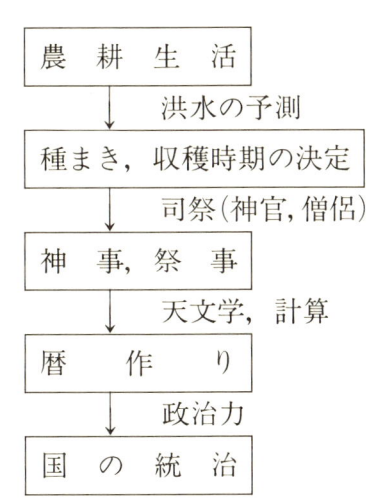

```
┌─────────────┐
│ 農 耕 生 活 │
└──────┬──────┘
       │ 洪水の予測
┌──────┴──────────────┐
│ 種まき, 収穫時期の決定 │
└──────┬──────────────┘
       │ 司祭(神官, 僧侶)
┌──────┴──────┐
│ 神 事, 祭 事 │
└──────┬──────┘
       │ 天文学, 計算
┌──────┴──────┐
│ 暦  作  り  │
└──────┬──────┘
       │ 政治力
┌──────┴──────┐
│ 国 の 統 治 │
└─────────────┘
```

「だいたいそんなところだね。人の集団が1つの社会，国家を形成していくときの過程が似ているのが興味深いし，数学が必要になっているのはもっとおもしろい。

インド最古の数学書は『シュルヴァスートラ』(祭壇経)だが，次に古い数学書『スーリア・シッダーンタ』(太陽系)は天文学書なんだ。これは紀元400年頃の本だという。

9世紀の数学者マハーヴィーラは『計算―真髄―集成』を著作したが，その中に次のような問題があるので紹介しよう。

"ラクダの群の4分の1が森の中に見える。群の平方根の2倍は山腹へと歩いている。そして5頭の3倍のラクダが河岸の堤に残っている。ラクダの群の頭数はいくらか"。

今度は克己にやってもらおうか。」

「ではぼくも情景図をかいてやってみます。

いま，ラクダの群をx頭とすると，

森の中	$\frac{1}{4}x$頭	合計 x頭
山腹	$2\sqrt{x}$頭	
河岸の堤	15頭	

よって，

$\frac{1}{4}x + 2\sqrt{x} + 15 = x$

$2\sqrt{x} = \frac{3}{4}x - 15$

$8\sqrt{x} = 3x - 60$

両辺を平方して，

$64x = (3x-60)^2$

$64x = 9x^2 - 360x + 3600$

$9x^2 - 424x + 3600 = 0$

解の公式より (P.118参照)

$x = \dfrac{424 \pm \sqrt{424^2 - 4 \cdot 9 \cdot 3600}}{2 \cdot 9}$

$= \dfrac{212 \pm 112}{9}$

6 《方程式》のオリンピック

簡単かと思ったら意外に計算が大変だった。

$$\begin{cases} +のとき & x=\dfrac{212+112}{9}=\dfrac{324}{9}=36 \\ -のとき & x=\dfrac{212-112}{9}=\dfrac{100}{9}=11.1\cdots\cdots \end{cases}$$

だから答は36頭です（ラクダの頭数なので小数はだめ）。

1000年以上前の方程式にしてはずいぶん難しいですね。」

「マハーヴィーラのあと，12世紀にバースカラが登場し，二次方程式で負の数や無理数の解を認めている。これについてはあとでまとめて話をしよう。

次はインド数学を受け継いだアラビアの数学だ。

この民族はインドのように大きな発展をさせることがなく，ヨーロッパへの橋渡し的な役割り程度だったけれど，前に話をした，アル・ファリズミー（P.56〜57）がひときわ光を放っているね。」

「思い出したわ。コンピュータのアルゴリズム（流れ図）の語源の人でしょう。また，代数（algebra）の語源も作った人（P.57）ですね。」

「よくおぼえていたね。

では1つ，彼の遺産相続の問題を出そう。

"ある人が死ぬ前に4人の息子に財産を等しく分配し，ある1人の人に息子1人の分け前と，その分け前を全財産の3分の1から引いた残りの4分の1と1ジルヘム（お金の単位）を加えたものを与えると遺言したという。

財産を息子1人の分け前で表わせ"。

いま，財産を z，息子1人の分け前を x，ある人に遺した金額を y として方程式を作ってみよう。」

> 問題文から,
> $$\begin{cases} y = x + \dfrac{1}{4}\left(\dfrac{z}{3} - x\right) + 1 & \cdots\cdots\cdots ① \\ z = y + 4x & \cdots\cdots\cdots\cdots\cdots ② \end{cases}$$
> ②より, $y = z - 4x$
> これを①に代入して,
> $$z - 4x = x + \dfrac{1}{4}\left(\dfrac{z}{3} - x\right) + 1$$
> これを z について解いて,
> $$12z - 48x = 12x + z - 3x + 12$$
> $$12z - z = 48x + 12x - 3x + 12$$
> $$11z = 57x + 12$$
> $$\therefore\ z = \dfrac{57}{11}x + \dfrac{12}{11}$$

「少し難しいのでお父さんが解いてしまったが,わかったかな。さて,いよいよイタリアの方程式といこう。

前に話したパチリオの『算術,幾何学,比および比例論大全』(1494年)は,いろいろな記号が見られる進歩的,革命的な本だったのだ。

たとえば未知数 x について右のような記号が使われていた。この未知数 cosa には物

$$\begin{bmatrix} x \text{ を cosa\ \ または co} \\ x^2 \text{ を censo\ \ または ce} \\ x^3 \text{ を cubo\ \ または cu} \end{bmatrix}$$

という意味があり,ドイツ,イギリスでは coss と書かれ,これを用いた代数を『コスの代数学』(方程式)と呼んでいる。

計算師アダム・リーゼやルドルフなども coss を用いたし,方程式をコスという呼び方をした時代もあるよ。」

6 《方程式》のオリンピック

「いまお父さんの用語の話で思い出したけれど,文章題を未知数を使って式を立て,それを解く方法を,どうして『方程式』というのですか?」

克己君が不思議そうに聞きました。

　方程式? どうしてこういう名称がついているのか,あなたは知っていますか。

「"方程式"は日本語,"方程"は中国語なんだよ。日本語といっても中国からの輸入語に式をくっつけただけだから,やはり中国語というべきだろう。だから"幾何"の語と同じで,日本人には意味のわからないものといえるんだ。そこでわれわれがいくら知恵をしぼっても語から意味がわかるはずはないね。

　下のものは左側が,中国最古の数学書『九章算術』(紀元1世紀頃)の中の第八章方程の1ページ,右側が現在使われている中国の数学の教科書の目次からとったものだよ。

　日本が中国から影響を受けたことがわかるね。」

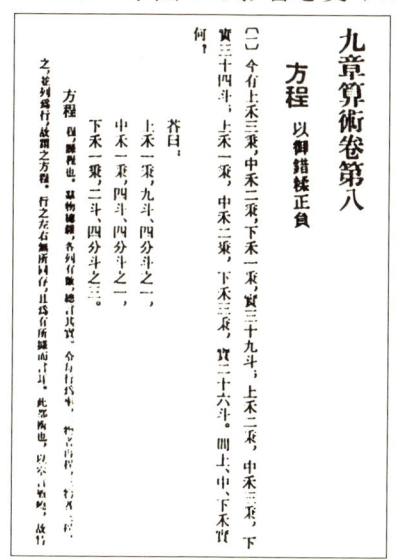

第一章　有理数
一　有理数的意义
二　有理数的运算
第二章　整式的加减
一　代数式
二　整式的加减
第三章　一元一次方程
第四章　一元一次不等式
第五章　二元一次方程组
第六章　整式的乘除
一　整式的乘法
二　乘法公式
三　整式的除法
第七章　因式分解
第八章　分　式

　　九章算術『方程章』　　　　中国の教科書目次の一部
　　　　　　　　　　　　　　　　（中学1年数学）

これを見ながら2人が一緒に口を開きました。

「ねえ，お父さん，"方程以御錯糅正負"って何のこと？」

「㊁今有上禾……とあるのは問題なのでしょう。2000年も前の方程式の問題ってどんなものか教えて下さい。」

「ようし，2人分まとめて面倒見よう，といくか。

澄子の質問だけれど，これは"方程以って錯を御め，正負を糅す"と読み，その意味は，問題を整理して方程式を作り，正の数，負の数を利用して解を得る，ということだ。

次に㊁の問題だけれど，日本文にするとこうなる。」

> いま，上等の稲が3束，中等の稲が2束，下等の稲が1束ある。それからとれる実は39斗である。また，上等の稲2束，中等の稲3束，下等の稲1束でその実は34斗。
>
> また，上等の稲1束，中等の稲2束，下等の稲3束でその実は26斗である。このとき，上，中，下各1束からとれる実はそれぞれいくらか。

(注)斗とは，1斗＝10升で，現在の日本のこととすれば，1升≒1.8ℓなので約18ℓのかさのことである。

「そういわれると，何だか読めそうだわ。これは連立方程式の問題でしょう。私がやってみます。」

澄子さんが自信をもって解きはじめました。

いま，上，中，下各1束からとれる実の量をx斗，y斗，z斗とすると，次の連立方程式ができる。

$$\begin{cases} 3x + 2y + z = 39 \cdots\cdots ① \\ 2x + 3y + z = 34 \cdots\cdots ② \\ x + 2y + 3z = 26 \cdots\cdots ③ \end{cases}$$

6 《方程式》のオリンピック

これを加減法で解いて，

①－②より

$$3x+2y+z=39$$
$$-)\ 2x+3y+z=34$$
$$x-y\ \ \ \ =5 \cdots\cdots ④$$

①×3－③より

$$9x+6y+3z=117$$
$$-)\ x+2y+3z=\ 26$$
$$8x+4y\ \ \ \ =91 \cdots\cdots ⑤$$

④×4＋⑤より

$$4x-4y=20$$
$$+)\ 8x+4y=91$$
$$12x\ \ \ \ =111$$
$$\therefore x=\frac{111}{12}$$
$$x=9\frac{1}{4} \cdots\cdots ⑥$$

④へ⑥を代入して
$$y=4\frac{1}{4} \cdots\cdots ⑦$$
①へ⑥，⑦を代入して
$$z=2\frac{3}{4}$$

答 $\begin{cases} 上等\ \ 9\frac{1}{4}斗 \\ 中等\ \ 4\frac{1}{4}斗 \\ 下等\ \ 2\frac{3}{4}斗 \end{cases}$

「分数がでてきたので計算ちがいしたかと思ったけれど，これで正しいでしょう。」

「ちょっとまってくれよ。中国文の4行目に"答曰(いわく)"とあるだろう。これと合わせればいい。オオッ，正答でした。めんどうな計算なのによくできたね。」

「中国文でその次のページに出てくる"術曰"とあるのが解き方のことでしょう。2000年前の言葉って感じがするわね。方程の章では何問ぐらいあるんですか。」

「牛羊豚の問題，雀燕(つばめ)の問題，所持金の問題など18問あるよ。昔はx，y，zを使った連立方程式で解くのではなく，算木を並べて考えたのだから，当時はそれなりに苦心してこの本を勉強したんだろうよ。」

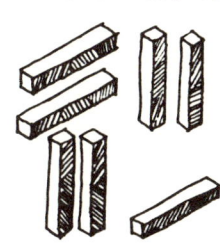

（ふつうは10cm位）

「ところでいい忘れたが，"方程"の意味だけれどね，これにはいろいろな解釈があるんだよ。私の好みでいうと，
○方はくらべる，程は式である。いろいろなものが繁雑で錯そうしているとき，その関係をくらべて一定の式にすること。
○方は左右，程は課率（大小をくらべること）である，つまり左右をくらべて1つにまとめること。
などがわかりやすい解釈だと思う。
　問題のタイプから見て，連立方程式の加減法で解けるものを"方程"といったようだね。」
　「とすると，日本では奈良・平安時代（8世紀頃）にこの本が輸入されているから，日本人はずうっと"方程"という言葉を使ってきたわけね。で，方程式って，式がつけ加わったのは江戸時代位からなの？」
　「ところが，そうではないんだよ。
　奈良・平安時代は中国からの『九章算術』を始めとする輸入数学書がそのまま用いられたが，江戸時代になると日本独特のいわゆる"和算"が育っていったのだ。
　中国からの算木を使って方程式を解く『天元術』を，関孝和という数学者は筆算で解く方法に改良し，その名を『點竄術』とした。」
　「ずいぶん難しい名前ですね。これでは名前を見ただけで逃げ出したくなるワ。
　どんな意味なんですか？」
　「點は火をともす，つまり加える。竄は穴に鼠が入る，つまり消えるという意味がある。この2つの語をくっつけるとどうなる。」

6 《方程式》のオリンピック

「加えたり，消したりか。ああ"加減法"（P.113のような解法）のことですね。方程式というよりこの言葉の方が日本人にはよくわかるわ。関さんは頭がいいナー。」

澄子さんはすっかり感心してしまいました。克己君は，

「いま難しそうだ，といったばかりなのに，今度は親しみを感じた，というのかい。女心と何とかは，だね。

ところでお父さん，どうしてそれが現在，昔の方程式の語にもどってしまったの？」

「明治の初めに，西洋文化，文明が入ってきただろう。"洋算"もどかっと輸入された。その中で中国経由の洋算は中国語の形で日本に入ってくるだろう。

幾何，代数の語と共に方程もそのまま入ってきた。

中国でもなぜか不等式には式がついているだろう。（P.111）

そこで日本では方程に式をつけたのではないかな。バランス上で。この辺は明らかではないよ。

下の『数学三千題』（上，中，下3巻）は，明治時代に役人になるためには必読の本で，数や諸等数（単位）の計算，文章題合わせて3000題があり，これが解けないと試験に合格できないといわれていた有名なものだ。

大正時代になると，心理学の形式陶冶の考えで，"難問を解くと頭がよくなる"ということから，四則応用問題（〇〇算）が非常に重視され子どもが苦しめられたね。」

2　方程式の解法競争

「そんな昔から試験に数学が使われているの。かわいそうなのは現代の私たちだけではないのね。」

古びた『数学三千題』をパラパラめくりながら，澄子さんが言いました。お父さんは，

「数学は昔から学力差がはっきり出るので，入試に使われる。そのために"入試数学"というゆがんだ数学がひろまり，世間の人々から数学への認識がまちがってとらえられてしまっている。数学としてはめいわくな話だよ。

それはそれとして，学力差がはっきりする点で，昔から数学試合，競争があったことは前に話したろう。

さてここで世界的に有名な16世紀イタリアにおける方程式解法競争について紹介してあげよう。」（x^3+ax^2+bの形の方程式）

「なんでイタリアでこんな競争が起こったのですか？」

「2つのことが考えられるね。1つはイタリアの計算術がヨーロッパでは一段と進んでいて方程式解法へと向かっていた。数学を専門にやっているものとしては自分の研究を世間に知らせたくなるが，この時代には発表する機会がなかった。

もう1つは，イタリアで始まったルネサンス（文芸復興）そのものが古代ギリシアへのあこがれなので，オリンピック精神も好まれたんではないかな。

こんなことから，公開試合によって自己を顕示し，"オレがイタリア第一の数学者"と名のりたかったものと想像するね。」

「どんな人たちが登場したんですか？

イタリアには，ヨーロッパ最古のボローニア大学もあるから当世第一流の数学者たちだったのでしょうね。」

「ボローニアは州都だし，古くから大都市ベネチア，ジェノ

6 《方程式》のオリンピック

バ，ミラノ，フローレンス，さらにはローマなどを結ぶ交通の要衝に位置しているから，中世で最も繁栄した都市だ。

だから克己の予想通り，ボローニア大学の教授が何人も登場してくるよ。

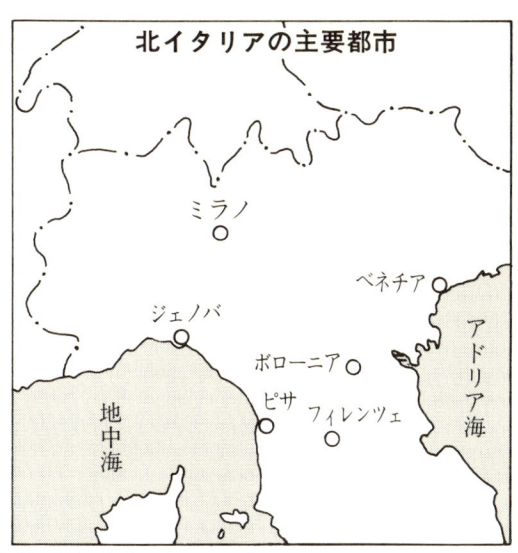

とりあえず，下の5人と有名な2つの数学試合を紹介しよう。

北イタリアの主要都市

ミラノ
ジェノバ
ベネチア
ボローニア
ピサ
フィレンツェ
地中海
アドリア海

16世紀初期，ボローニア大学教授のフェルロは三次方程式解法に関する研究をし，それを公表しないで弟子フロリドに教えて死んだ。

フロリドは解法の武器を手にしたので，自信を得て，"オレはイタリア一の数学者である。われこそと思うものは試合に応じよ"と公言した。

この挑戦に応じたのが，ベネチア大学教授のフォンタナという学者だ。

彼の名は，むしろあだ名のタルタリアの方が有名なんだ。タルタリアとは，イタリア語で吃音(きつおん)という意味で，

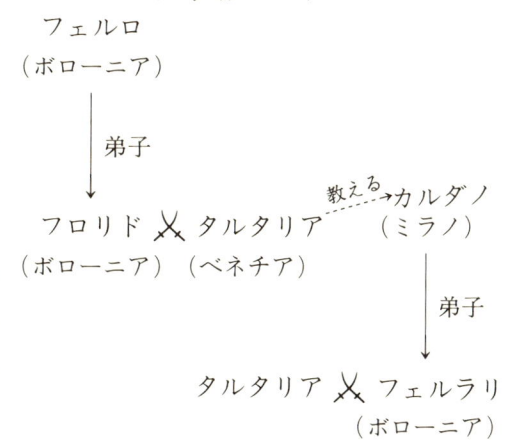

数学者と数学試合

フェルロ
(ボローニア)
↓ 弟子
フロリド ⚔ タルタリア ⋯教える→ カルダノ
(ボローニア) (ベネチア) (ミラノ)
↓ 弟子
タルタリア ⚔ フェルラリ
(ボローニア)

117

それは幼い頃，町に侵入してきたフランス兵に舌を切られ，それが原因で吃音になったといわれている。」

「どんな形式で，どういう数学試合だったの？」

克己君が大変興味を示しました。

「その方法は，たがいに自分の作った問題30問ずつを交換し，一定期間後に相手の問題が何問解けたかで優劣を競うのだよ。

当然よい公式をもっている方が，早く正確に解けるということになる。

タルタリアは2時間ほどで全問解けたのに対し，フロリドの方はx^3+ax^2+bの形の方程式は1問も解けず，無惨な敗北に終わったね。

ところで澄子は一般の一次方程式，二次方程式の"解の公式"を自分で作れるかナ。」

「公式はおぼえているけれど，1人で作れるかな，やってみます。」

一次方程式 $ax+b=0$

$ax=-b$

両辺を$a(a \neq 0)$でわって

∴ $x=-\dfrac{b}{a}$

解の公式

二次方程式 $ax^2+bx+c=0$

両辺を$a(a \neq 0)$でわって

$x^2+\dfrac{b}{a}x+\dfrac{c}{a}=0$

両辺に$\left(\dfrac{b}{2a}\right)^2$を加えて

$x^2+\dfrac{b}{a}x+\left(\dfrac{b}{2a}\right)^2+\dfrac{c}{a}=\left(\dfrac{b}{2a}\right)^2$

$\left(x+\dfrac{b}{2a}\right)^2=\dfrac{b^2}{4a^2}-\dfrac{c}{a}$

$\left(x+\dfrac{b}{2a}\right)^2=\dfrac{b^2-4ac}{4a^2}$

$x+\dfrac{b}{2a}=\pm\sqrt{\dfrac{b^2-4ac}{4a^2}}$

$x=-\dfrac{b}{2a}\pm\dfrac{\sqrt{b^2-4ac}}{2a}$

∴ $x=\dfrac{-b\pm\sqrt{b^2-4ac}}{2a}$

「右のようです。

これで，どんな形の一次方程式も二次方程式も解けます。」

$$ax+b=0 \text{ は } x=-\frac{b}{a}$$

$$ax^2+bx+c=0 \text{ は } x=\frac{-b\pm\sqrt{b^2-4ac}}{2a}$$

「よくできたね。この試合ではフロリドは $x^3+ax=b$ の形は自由にできた。つまりこの形の公式は知っていたんだね。しかし，$x^3+ax^2=b$ の公式はもっていなかった。一方のタルタリアは両方の公式を知っていたので勝てた，というわけだ。

この2つのタイプはいずれも三次方程式

$$ax^3+bx^2+cx+d=0 \cdots\cdots\cdots(1)$$

の特別な場合なので，上の(1)の解の公式をもっていれば，難なく解けるわけだ。

あとで登場するカルダノはこの公式を発見している。

どのようにして導き出すのか，サワリの部分を教えよう。

$x^3+ax^2+bx+c=0$ で，x^2 の係数をなくすため

$x=y-\dfrac{a}{3}$ を代入して整理すると，

$$y^3+\left(b-\frac{1}{3}a^2\right)y+c-\frac{ab}{3}+\frac{2a^3}{27}=0$$

いま，簡単な式にするため

$$\left.\begin{array}{l}p=b-\dfrac{1}{3}a^2\\q=c-\dfrac{ab}{3}+\dfrac{2a^3}{27}\end{array}\right\} \text{とおく。}$$

次に $y=u+v$ とおいて整理すると，

$$\begin{cases}u^3+v^3+q=0\\p+3uv=0\end{cases}$$

上の2式から，u，v を求め $y=u+v$ に代入すると，

$$(uv)^3=-\frac{p^3}{27}$$

ここで u^3，v^3 を2根とする方程式を作ると，二次方程式

$$t^2+qt-\frac{p^3}{27}=0 \cdots\cdots(2)$$

あとは簡単!!

最後の式(2)を見ると，p，q は定数だから，t についての二次方程式になっているので解けて，t の値が求められる。そうすれば x の値も得られるというわけだ。だいぶ手抜きの式だけれど大体のようすがわかったろう。」
　「まあーややっこしい。三次方程式をゴチャゴチャ手を入れて二次方程式にすればいい，ということだけわかったわ。
　それにしても $ax^3+bx^2+cx+d=0$ の式はどうしたの。解いている式と違うじゃあない？」
　「x の係数の文字はなんでもいい。いま(1)の三次方程式を
　　　$Ax^3+Bx^2+Cx+D=0$
として，両辺を A（$A \neq 0$）でわると，

　　　$x^3+\dfrac{B}{A}x^2+\dfrac{C}{A}x+\dfrac{D}{A}=0$

ここで $\dfrac{B}{A}=a$，$\dfrac{C}{A}=b$，$\dfrac{D}{A}=c$ とおくと，
$x^3+ax^2+bx+c=0$ の形になる。x^3 の係数は 1 にした方がらくなので，この形で計算したというわけだ。」
　「お父さん，ついでに四次方程式や五次方程式の解の公式を教えて下さい。」
　「これは大変だし，2人にはとうていわからないから，手順だけ説明して終わりとしよう。
　四次方程式　$x^4+ax^3+bx^2+cx+d=0$　で，
x に $\left(y-\dfrac{a}{4}\right)$ を代入し，できた方程式 $y^4-py^2+qy+r=0$
という x^3 のない式にした上で，三次分解方程式を作る。
　これから三次方程式を作って，あとはその解の公式を使って解く，というわけだね。
　さて，五次方程式はどうやって解くと思うかい。
　あとのお楽しみ（P.197）で，再び数学試合の話にしよう。

6 《方程式》のオリンピック

「次は、この肖像の2人の試合になる。」

「2人ともこわそうな顔をしているわね。

それにくらべ、どこかの数学者はずいぶん童顔ね。」

タルタリア
N. Tartaglia
（1499？〜1557）

カルダノ
G. Cardano
（1501〜1576）

「おい、おい、親を馬鹿にするな！

さて、タルタリアはその後研究を重ね、1541年ついに一般の三次方程式の解の公式を発見した。それを伝え聞いたカルダノが、決して他人に洩らさないからという約束で公式を教えてもらったのだ。しかしその約束を破って自分の本『代数法則に関する大技術』（1545年）にのせ、公にしてしまったのさ。」

澄子さんが怒って言いました。

「数学者っていうと奇人変人が多いけれど、純粋な性質の持主ばかりといわれているでしょう。たくさんの人の中には、こんなずるい人もいるのねーェ。」

「あとで彼の逸話を話すが、いろいろ問題のある人物なのさ。しかしまさに天才という頭の持主らしい。タルタリアをだましてまでも公式を見たかったのは、自分の考えた結果と同じかどうかを調べたかっただけで、そのとき自分は出来ていたから本にのせても盗んだことにならない、と考えたらしいね。

これがきっかけで、怒ったタルタリアはカルダノに対して数学試合の挑戦状を出したんだ。」

「さあ、おもしろくなったぞ。で、どちらが勝ったの？

どうせズルイ，あのカルダノが負けたのでしょう。」

「ところがなんと，カルダノが弟子のフェルラリに試合をたのんでどこかへ逃げていってしまったのだよ。

ここで，初老をすぎたタルタリアと20歳を少しこした青年フェルラリの試合となり，興奮しすぎたタルタリアが敗北したと伝えられている。一方では勝負なし，という説もあるが。

いずれにしても16世紀のイタリアは，ボローニア大学を中心として方程式を大発展させた時期だったんだよ。学問の発展ではある程度，競争ということも必要だね。」

「ところで，ずるいカルダノについて話を聞かせて！」

澄子さんはいつまでもカルダノにこだわっています。

「カルダノは，父は弁護士，母は娼婦で，生まれたときから邪魔もの扱いされて育てられたが大学で才能を発揮した。彼は多方面に優れていて，芸術教師の免状，医師の資格をとり，そして大数学者としての活躍をしている。しかし放浪癖やギャンブル好きでたくさんの借金をして逃げ回ったり，医師をして金をかせいだり，占い師で働いたり，ときには投獄されたりと，とても常人といえない人生だったという。

占い師としての彼は"私は1576年9月20日に死去する"と予言したが，この年のこの月日，彼はローマで死んだ。一説によると，予言がうそではないことを示すために自殺したという。」

「何かものすごい人ですね。ところで一般の五次方程式の解の公式は誰が作ったのですか？」

「タルタリア以後，ヨーロッパのたくさんの数学者がこれに挑戦したけれど誰も公式を得られず，300年近くの歳月が流れたね。そして19世紀になって"五次以上の方程式は解の公式が得られない"という結果が出されたんだよ。」

6 《方程式》のオリンピック

3　方程式から誕生した数

「方程式を解いて得た答の方に目を向けてみよう。方程式からいろいろな数が誕生しているよ。」

「お父さんは前に，加，減，乗，除と累乗根から数が誕生する（P.15）と言っていたけれど，方程式からもできるのですか。どうやってできるのかな？」

「では方程式の問題を出すからその答を出して考えてごらん。」お父さんはそう言って下の問題を出しました。

一次方程式　(1)　$3x = 2$　　　　$x = \boxed{}$

　　　　　　(2)　$x + 5 = 2$　　$x = \boxed{}$

二次方程式　(3)　$x^2 = 2$　　　$x = \pm\boxed{}$

　　　　　　(4)　$x^2 = -1$　　$x = \pm\boxed{}$

　　　　　　(5)　$x^2 - x - 1 = 0$　$x = \pm\boxed{}$

あなたはどういうことを発見しましたか。

一次方程式を澄子さん，二次方程式を克己君が解いていますから，その答を聞いてみましょう。

「答がでました。そしてわかりました。

　　　　　　　　　　　　　　　　　　　　　　（数名）

(1)　$x = \dfrac{2}{3}$ ……………………………………… 分数

(2)　$x = 2 - 5$　よって，$x = -3$ ………… 負の数

でしょう。では二次方程式を，

(3)　$x^2 = 2$ では　$x = \pm\sqrt{2}$ ……………… 無理数

(4)　$x^2 = -1$ では $x = \pm\sqrt{-1} = \pm i$ ………… 虚数

(5)　解の公式より
$$x = \frac{1 \pm \sqrt{1^2 - 4 \cdot 1 \cdot (-1)}}{2} = \frac{1 \pm \sqrt{5}}{2}$$ …… ？数

(5)はなんという数ですか。わかりません。」

「無理数だよ。$\frac{1}{2} \pm \frac{\sqrt{5}}{2}$で帯分数のような形といえる。これは。$x+5=2$は,インドで0が発見されるまで解けない問題だったのだ。ちょうど,小学生のようなものだね。$x^2=2$はピタゴラス時代ではアロゴン（神が誤って創ったので,口にしてはいけない）として避けて通っているだろう。

虚数iは一応16世紀のイタリアで数と認められていて計算に使ってはいるが,どんな数か正体不明のままだった。

負の数は"無いより小さい数"とし,虚数は"想像的な数"（imaginary number）でいずれも実在しないものとしていた。ところが17世紀のデカルトが負の数を,19世紀のガウスが虚数を,それぞれ図に示して実在化したのだ。

数を図で示すというのはすばらしいアイディアだね。」

「図っていうけれど,どのようにしたのですか？」

「克己は学校で習ったろう。思い出してごらん。」

「負の数は数直線,虚数は複素平面かな。説明します。

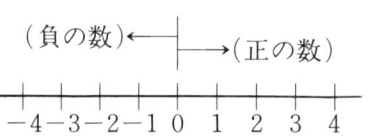

このように数直線や座標平面に示せば,存在がはっきりして,自然数などと同じ数のように見られるわけです。」

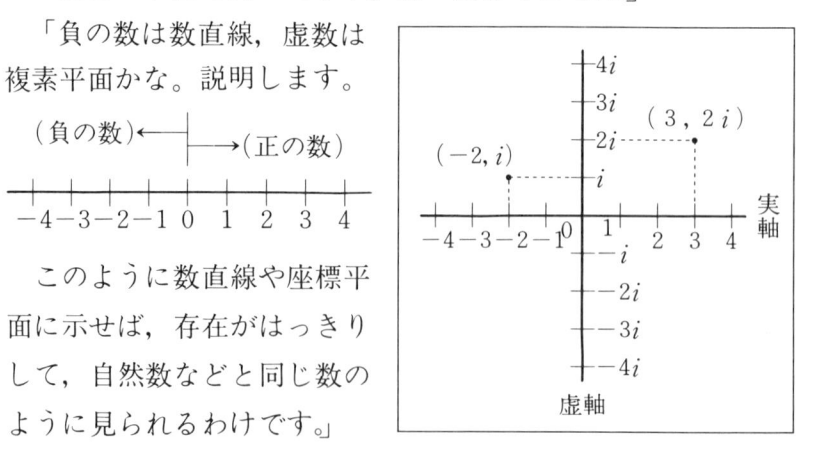

「いいね。そういうことだ。数学者は300年,500年,ときに1000年余かけて問題を解決している。おもしろい学問だと思わないかい。」

6 《方程式》のオリンピック

「それはそうと(5)の $\frac{1\pm\sqrt{5}}{2}$ はなんですか？」

「少しもったいぶって，2人にこんな計算をしてもらおう。

下のうち，澄子は(1)，克己は(2)，どちらも連分数といわれているものだよ。さあ，どうぞ。

(1)
$$1+\cfrac{1}{1+\cfrac{1}{1+\cfrac{1}{1+\cfrac{1}{1+\cfrac{1}{1+\cdots\cdots}}}}}$$

(2)
$$1+\cfrac{1}{2+\cfrac{1}{2+\cfrac{1}{2+\cfrac{1}{2+\cdots\cdots}}}}$$

あなたも最後の"＋……"をとって，計算してみて下さい。答えは当然近似値です。

「(1)を計算したら，$\frac{13}{8}$ で1.625になりました。」

「ぼくの方の(2)は $\frac{99}{70}$ で1.41428……でした。ところで，この連分数と方程式とどんな関係にあるんですか？」

「関係があるよ。(2)は $\sqrt{2}$ を小数にした値で，(1)は黄金比（P.66）の値だろう。

二次方程式ときれいな形の連分数とが，思わぬところで一致しているんだが，数学というのは不思議だろう。

(1)はフィボナッチ数列にもなるんだよ。」

> 二次方程式　$x^2 = 2$
> 　　　　　　$x = \pm\sqrt{2}$
> これより　$x = \pm 1.41421\cdots\cdots$
>
> 二次方程式　$x^2 - x - 1 = 0$
> 　　　　　　$x = \frac{1\pm\sqrt{5}}{2}$
> これより　$x = \frac{1+\sqrt{5}}{2}$ と $x = \frac{1-\sqrt{5}}{2}$
>
> 　　　　　　$\sqrt{5} = 2.2360679\cdots\cdots$ だから
> つまり　$x = 1.618\cdots\cdots$
> 　　　　$x = -0.618\cdots\cdots$（とらない）

「フィボナッチ数列というのはヒマワリの種や松毬(まつかさ)のでしょう。前の2項を加えて作る数列でしたね。(P.45～46)

1, 1, 2, 3, 5, 8, 13, 21, ………

これと(1)とのどこが同じなの？」

「では次の各計算をしてごらん。澄子の担当だよ。」

$$1,\ 1+\frac{1}{1},\ 1+\cfrac{1}{1+\frac{1}{1}},\ 1+\cfrac{1}{1+\cfrac{1}{1+\frac{1}{1}}},\ 1+\cfrac{1}{1+\cfrac{1}{1+\cfrac{1}{1+\frac{1}{1}}}}$$

「はい，計算してみます。

$$1,\ 2,\ 1+\frac{1}{2}=\frac{3}{2},\ 1+\cfrac{1}{1+\frac{1}{2}}=1+\cfrac{1}{\frac{3}{2}}=1+\frac{2}{3}=\frac{5}{3},$$

$$1+\cfrac{1}{1+\cfrac{1}{1+\frac{1}{2}}}=1+\cfrac{1}{1+\cfrac{1}{\frac{3}{2}}}=1+\cfrac{1}{1+\frac{2}{3}}=1+\cfrac{1}{\frac{5}{3}}=1+\frac{3}{5}$$

$=\frac{8}{5}$ きちんと並べてみると，

$1,\ 2,\ \frac{3}{2},\ \frac{5}{3},\ \frac{8}{5}$ です。」

「これは工夫して並べると，

$\frac{1}{1},\ \frac{2}{1},\ \frac{3}{2},\ \frac{5}{3},\ \frac{8}{5},\ ……$

となって，分子，分母を見てごらん。見事にフィボナッチ数列だろう。

(2)の方はボローニア生まれの代数学者ボンベリが右のように考えて創案したものだよ。

$$\sqrt{2}=1+\sqrt{2}-1$$
$$=1+\frac{(\sqrt{2})^2-1^2}{\sqrt{2}+1}$$
$$=1+\frac{1}{2+(\sqrt{2}-1)}$$
$$=1+\cfrac{1}{2+\frac{(\sqrt{2})^2-1^2}{\sqrt{2}+1}}$$
$$=1+\cfrac{1}{2+\cfrac{1}{2+……}}$$

6 《方程式》のオリンピック

4 方程式の利用

「方程式といえば,その解法はアルゴリズムの見本,また"計算"の代表のようなものだね。でもそれだけと思うといけないから少し利用の面も教えておこう。まずは図形との関係から。」

「代数の代表選手の方程式と,図形というと,数学の両極のようなものでしょう。一体どんな関係があるのですか？」

「ではまず,澄子への質問だよ。次の場合,x はどんな文字式で表わせるかな。」

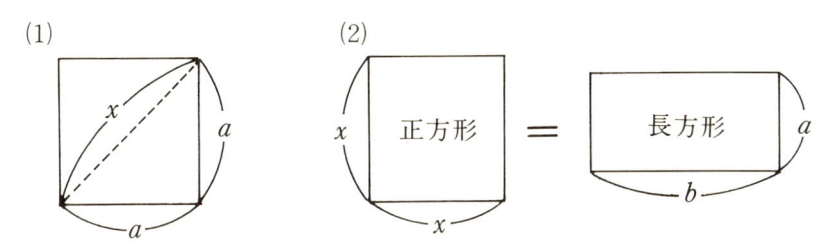

(1) 正方形 対角線 x, 辺 a

(2) 正方形(辺 x) = 長方形(辺 a, b)

「はい,わかりました。(1)は $x^2=2a^2$, (2)は $x^2=ab$ です。あらっ！ 二次方程式がでてきたわ。おもしろい。そうすると,一次方程式と図形との関係もあるのね。」

「なかなか冴えているね。どんな方程式が考えられるかい？」

「$x+a=b$ とか $ax=b$ などですね。」

「よし,これを澄子に図で解いてもらおうか。」

$x+a=b$ は右の図です。
$ax=b$ は式を変形して,
$\dfrac{a}{b}=\dfrac{1}{x}$ として,この比例の式から右の図で x の長さが求められます。」

「すると三次方程式と図形というのもあるんでしょう。」

「そうなんだね。これには

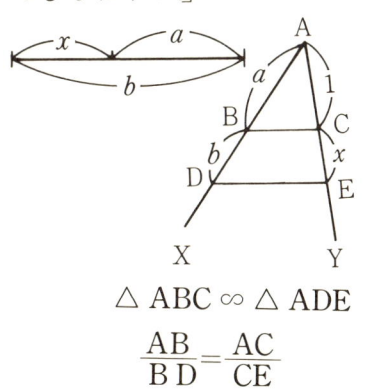

$\triangle ABC \backsim \triangle ADE$

$\dfrac{AB}{BD}=\dfrac{AC}{CE}$

長い長い歴史があるのさ。

2人は紀元前400年頃の"作図の三大難問"というのを知っているかい。次の3つだね。

(1) 任意の角の三等分線の作図
(2) 立方体の2倍の体積をもつ立方体の作図
(3) 円と面積の等しい正方形の作図

目盛りのない定木とコンパスで作図するというものだね。

なんと，延々2000年以上誰1人これを解くことができなかったが，19世紀になって，作図不可能の証明ができたのさ。」

「作図ができない証明というのは，どういう方法でやるのですか？」

「(1)は途中の説明は難しいので略すが，三次方程式の関係になる。また(2)は右の図から，$x^3 = 2a^3$ となり，三次方程式を解くことになる。

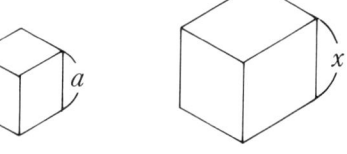

ところが，定木，コンパスで解けるのは二次方程式まで，ということが明らかになっている。ゆえに，定木，コンパスで三次方程式の形になる(1), (2)の作図は不可能である，

として解決したわけだ。」

「(3)はどのようにして作図不可能を証明したのですか？」

「これは，円周率 π が超越数という数で，これは定木，コンパスでは作図できないのだ。

作図不可能の証明は，方程式の手を借りて解決したというわけさ。」

「ほかに方程式の利用がありますか？」

「現代最先端の数学，社会科学で必須といわれている数学

6 《方程式》のオリンピック

『L.P.』（線形計画法）を紹介しよう。

次の問題を解きながら，方程式の利用を考えてごらん。

"フィレンツェのある織物工場では，絹織物，毛織物を作っているが，それぞれ1t作るのに必要な原料，労力，機械力は右の表に示すようである。

	原料（t）	労力（時間）	機械力（時間）	1t当り利益（万円）
絹織物	4	9	10	2.5
毛織物	8	3	15	2
1日の使用限度	48	54	95	―

1日の利益を最大にするには，それぞれどれだけ作ればよいか"。

というものだ。さあ，やってごらん。」

2人が式を立てはじめました。あなたもやってみて下さい。

〔解〕

絹織物，毛織物を1日にそれぞれ x t，y t作ることにすると，次の不等式，方程式が成り立つ。

原料……… $4x + 8y \leqq 48$
労力……… $9x + 3y \leqq 54$
機械力…… $10x + 15y \leqq 95$

これより

$x + 2y \leqq 12$ ①
$3x + y \leqq 18$ ②
$2x + 3y \leqq 19$ ③

また，x，y は正または0なので　　$x \geqq 0$，$y \geqq 0$ ④

1日の利益を a で表わすと　　$a = 2.5x + 2y$ ⑤

以上の一次不等式・方程式の条件のもとで，A の値を最大にする x，y の値を求めることになる。

ここで上の各式をグラフにかき，グラフ上で考える。

①～⑤のそれぞれを y について解いて，

$$\begin{cases} y \leqq -\dfrac{1}{2}x+6 & ①' \\ y \leqq -3x+18 & ②' \\ y \leqq -\dfrac{2}{3}x+\dfrac{19}{3} & ③' \\ x \geqq 0,\ y \geqq 0 & ④ \\ y = -\dfrac{5}{4}x+\dfrac{a}{2} & ⑤ \end{cases}$$

①'～④によってできる凸五角形の内部と周囲の格子点の中から，a を最大にするものを求める。これは⑤を平行移動し凸五角形上の点Pを得ると，これが求めるものである。

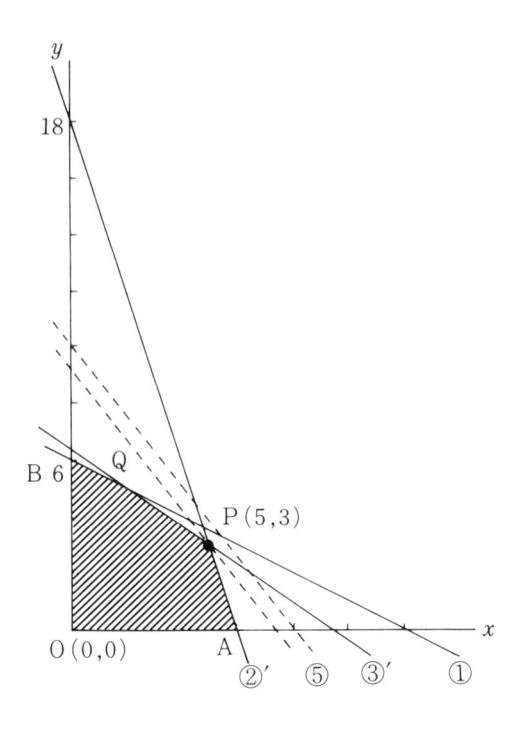

♪♪♪♪♪ できるかな？ ♪♪♪♪♪

　上の斜線の凸五角形ＯＡＰＱＢの各頂点の座標は下のようです。それぞれ a の値を求め，Ｐのときが最大であることを確かめましょう。

　　点 $(x,\ y)$　　　　$a = 2.5x + 2y$
　　Ｏ $(0,\ 0)$　　　　$a = 2.5 \times 0 + 2 \times 0 = 0$
　　Ａ $(6,\ 0)$　　　　$a = ?$
　　Ｐ $(5,\ 3)$　　　　$a = ?$
　　Ｑ $(2,\ 5)$　　　　$a = ?$
　　Ｂ $(0,\ 6)$　　　　$a = ?$

7

記号と数学の発展

1　記号の分類

「数の計算の能率化から出発した"数学の記号化"は方程式のみならず，種々の数学の領域へと浸透していったが，やがて記号代数学，記号論理学などまでへも発展していったんだ。

たくさんの学問の中でも数学ほど記号化が進んだ学問はないだろうね。」

「そういえば，現代社会も記号化というか標識化というか，そんな時代ですね。

空港とか駅やホテルなどたくさんの人が集まるところに，いろいろな標識が立っています。

これは，航空機など交通機関が発達して世界中の人々が他国と交流するようになると，言語が異なる不便さを，標識によって処理し生活しやすくしていくわけですね。新聞やテレビにも記号がふえているでしょう。一目でわかる点がいいんですね。」

「その上，道路の交通標識が

すごいですね。『交通安全』の本によると，あれほどたくさんある標識も，大きく4つに分類されるんですね。」

克己君の説明に，澄子さんが興味を示しました。

「あらっ，それは知らなかったわ。どんな分類になっているの，お兄さん教えて！」

「規制，指示，案内，警戒の4種類あって，それぞれの例をあげると下のようだよ。

標識	規制標識	指示標識	案内標識	警戒標識
例	自転車通行止め	横断歩道	入口の方向	踏切あり

澄子も見たことがあるだろう。」

「なあるほど。うまく考えているのね。

お父さん，数学にもたくさん記号があるけれど，これも交通標識のように何種類かに分類されるのですか？」

「なかなか，いいことに気がついたね。やはり4つに分類されるんだ。いいかい，

　要素記号，標識記号，操作記号，関係記号

だ。ここで2人が習った記号を思い出してそれぞれ5つ位ずつ言ってもらおうか。」

「私は小学と中学での記号を思い出すから，お兄さんは高校の方を担当してね。ところで要素記号とか標識記号ってどんなものなのかな？」

2人は協力して次のようにまとめました。

7　記号と数学の発展

記号＼学校	小　学　校	中　学　校	高　校
要　素	2, 8, a, x	π, 点A, ∠R	i, e, w
標　識	m, g, ℓ, t	∠, △, □, ∴	(ベクトル$\vec{\ }$), ∞, lim
操　作	$+$, $-$, $\times$, $\div$, :	| |(絶対値), $\sqrt{\ }$	sin, log, Σ, $\int$, $n!$, $_nP_r$, $_nC_r$
関　係	$=$, $>$, $<$	$\neq$, //, ⊥, ≡, ∽	∈

「お父さん，2人で協力したら，5つずつどころかだいぶたくさんとりあげることができました。

高校の数学になると，ずいぶんわけのわからない記号がふえてくるのね。いまから頭がいたいわ。」

「40年位前に世界的規模の"数学教育現代化運動"というのがあって，その代表的内容に集合があった。耳にしたことがあるだろう。

小学校4年生に，ふくむ記号⊃，A⊃B（二等辺三角形の集合Aと正三角形の集合Bとの関係）。

中学1年生では2つの集合の和∪と，共通集合∩という記号が教えられたんだよ。その当時，高校では記号∨（または），∧（かつ）というのも指導された。」

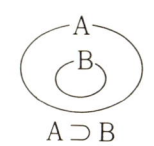

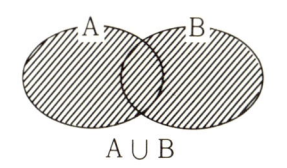

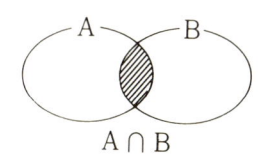

133

2　図形の記号

「記号は図形の方にもありますね。さっき出た，∠，△や⊥，≡のようなのではなくて，右のような図形に直接くっついている記号です。

意味のわかるものと，わからないものとがあります。右の(1)～(4)のようなのは大体わかりますが―。

(1)の点PはPointのP，ℓはline（直線）からです。(2)のbはbase（底），hはheight（高さ），そしてSはSurface（面）でしょう。(3)のOはOrigin（原点），rはradius（半径），dはdiameter（直径）からできたのでしょう。そして(4)のVは，私ちょっと言いにくいけれどVolume（体積）ですね。円で思い出したけれど，円周率はなぜπなの？」

「澄子もなかなかだね。よく知っているのに驚いた。

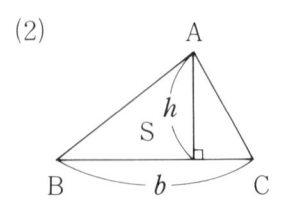

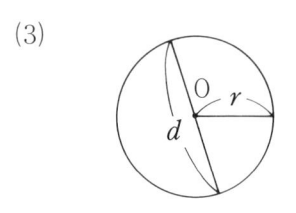

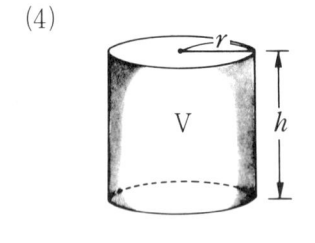

πはギリシア語の円周（$\pi\varepsilon\rho\iota\varphi\varepsilon\rho\varepsilon\iota\alpha$ ペリフェレイア）の頭文字なんだね。数学の記号では，ときどきギリシア文字が使われる。たとえば，角を示すα（アルファー）やβ（ベーター），数列のΣ（シグマ），順列のΠ（パイ），統計のσ（シグマ）などいろいろな領域で使われている。再び図形にもどって，では，少しいじわるに，まぎらわしいのをいくつか出して澄子をためすことにしようかね。

7　記号と数学の発展

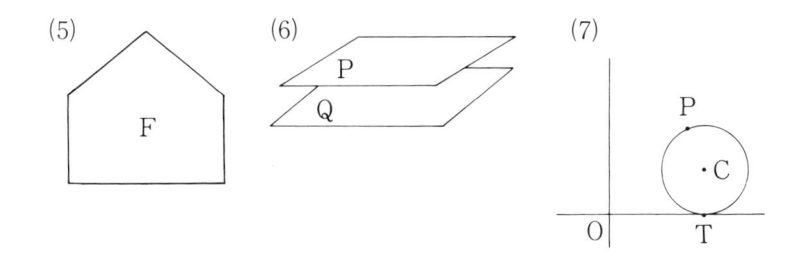

(5)　(6) P/Q　(7) P, ·C, O, T（円と座標）

　「上のおのおのの記号の意味をいってごらん。」
　「(5)のFは五角形の5，つまりFive，(6)のPはPlane（平面），でもQは何だろうな，(7)のOはOrigin，PはPoint，これは前にやったので知っているけれど……。」
　「以前，生徒に聞いたらFは野球のホーム・ベースのFだ，といったのがいるけれど，どちらもまちがいだ。フィギュア・スケートのF（Figure）で，上のはたまたま五角形だけれど，閉じた図形はすべてFでかき表わすね。(6)のQはPの次の文字を使ったのにすぎない。直線 ℓ，m というのと同じだ。それから(7)だけれど，円の中心CはCenter，TはTangentだよ。
　気づいただろうが，一般に，点や面は大文字，線は小文字を用いるルールがある。」
　「こういうのは日本語でいうと，直線はチョクセンのチとか平面はヘ，体積はタ，などというのと同じでしょう。欧米の子たちはおぼえやすい記号だけれど，日本の子には何も根拠がないのよね。数学では，用語は中国語，記号は欧米語なんだから日本人には勉強にハンディがあるわ。」
　「そういう点はあるね。
　また，相似の記号∽はsimilar（相似）のSを横にしたもの，合同≡は，∽と＝とを合わせた≌（形が同じで面積等しい）からできたものという説がある。」

3 文字の計算

「今度は文字の式について,どんな風に記号化が進んだかを見ていくことにしよう。

有名なのが,下の式だが,これを現代流にするとどういう式になるかな?

　　A cubus＋B plano 3 in A, aequari Z solido 2」

「＋,3,2しかわからないのに,意味がわかるはずはないよ。一体,いつ頃の話なの?」

「これは"記号的代数"を初めて創り出したといわれるフランスのヴィエタの論文(1646年)にあるものだから,いまから360年ほど前ということだ。」

「360年前でも,まだこんな式だったのですか?」

「では,ヒントを出すから,それで考えてごらん。

彼は一次元の量に正方形の1辺,二次元の量には平面,三次元の量には立体という言葉を当てていたんだよ。」

「ということは,x は cubus,x^2 は plano,x^3 は solido でしょうか?」

「いい勘だね。少し違うが――。このついでに,x,x^2,x^3 の記号の歴史,変遷をまとめると下のようだ。」

国 数学者名 / 文字	ギリシア ディオファントス (300年)	イタリア パチリオ (1494年)	ドイツ ルドルフ (1525年)	フランス ヴィエタ (1646年)	
				(未知数)	(既知数)
現在 x	ς	cosa	$\mathcal{x}$	M(minus)	numer
x^2	Δ^r	censo	${\mathit 3}$	Q(quad)	plano
x^3	K^r	cubo	e	C(cubus)	solido

7　記号と数学の発展

「それにしても昔はややっこしいのね。」

「ヴィエタは未知量を母音大文字A，E，I，O，Uで，既知量を子音大文字B，G，Dなどで表わしたんだ。

しかし，中世以来の長い伝統は簡単には変えられず，結局しばらく左のような表わし方が続くわけで，改良には時間がかかるのだよ。左の式は現代流にすると次のようになる。

$x^3+3b^2x=2c^3$ （Aはx，Bはb，Zはc）

ヴィエタの業績は，既知数の記号化と共に，数のかわりに文字を計算の対象にしたことで，これによって代数での一般的推論を可能にしたことだね。

中学校で習う乗法公式は，ピタゴラスの頃（B.C.5世紀）からあった。しかし，文字計算がうまくできないので，図形にたよっていたんだよ。」

「知っています。ぼくに説明させて下さい。

(1)　$a(b+c)=ab+ac$　　(2)　$(a+b)^2=a^2+2ab+b^2$

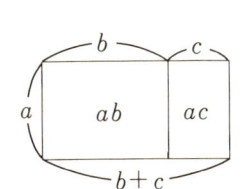

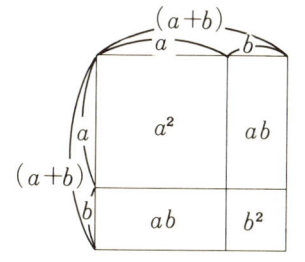

(3)　$(a+b)(a-b)=a^2-b^2$ 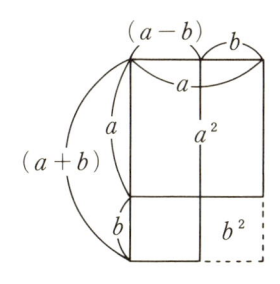　(4)　$(ax+by)^2=a^2x^2+2abxy+b^2y^2$

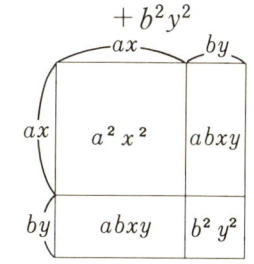

こんなぐあいです。

式計算を図で表現するなんて、すばらしい頭ですね。」

「私たちが習ったのは、右のような積んだ形の縦書き計算か、分配法則を利用したものですね。

(1)
$$a(b+c) = ab + ac$$

(1)
$$\begin{array}{r} b+c \\ \times \quad a \\ \hline ab + ac \end{array}$$

(2) $(a+b)^2 = (a+b)(a+b)$ で
$a+b = M$ とおくと
$M(a+b) = aM + bM$
もとにもどして
$a(a+b) + b(a+b) = a^2 + ab + ba + b^2$
$= a^2 + 2ab + b^2$

(2)
$$\begin{array}{r} a+b \\ \times \quad a+b \\ \hline a^2 + ab \\ ab + b^2 \\ \hline a^2 + 2ab + b^2 \end{array}$$

横書きはこれでいいんでしょう。」

「澄子もなかなか計算が確かだね。計算の歴史でいうと、数でも文字でも縦書きになったのはわりあい最近のことだよ。」

「へえー、縦書きっていう計算方法は昔はなかったのですか。とすると、たとえば 358×27 といった計算はどのようにやったのですか？」

「歴史上、有名な方法を時代順にいくつか教えてあげよう。まずは、『倍加法』だ。これは名の通り倍々でいくね。

$358 \times 1 = 358$ →
$358 \times 2 = 716$ →
$358 \times 4 = 1432$
$358 \times 8 = 2864$ →
$358 \times 16 = 5728$ →

$27 = 1 + 2 + 8 + 16$

だから、左の結果を利用して

$$\begin{array}{r} 358 \\ 716 \\ 2864 \\ +5728 \\ \hline 9666 \end{array}$$

7　記号と数学の発展

すべての整数は2進法の数で表わせるから，大変いいアイディアだが，めんどうだね。

次が『鎧戸法』(格子掛算ともいう)で長く人々に用いられた。

これは乗法九九を知っていれば，あとは1桁どうしの加法でできるので簡単な方法だね。

しかも位取りの考えがよくわかるものだよ。

名の通り鎧戸のようなワクがあり，そこに九九計算の結果を記入していくと，自然に位取りがきまっていく。

最後に同じ位(斜めの数字)のものをたして答を求める，という方法だ。

"いくつくり上って"なんておぼえておく必要がないからくだね。ただ，いちいちマスをかくのはめんどうだ。

次の時代は『電光法』だ。

これが現在の縦書きの原形だがまだめんどうだね。」

「なんで電光法なんて言うんですか。」

「右を見てごらん。電光のようじゃあないか。計算の歴史もなかなか長いね。」

(1)

全て同じように計算して各マスの斜線の上は10の位の数字，下は1の位の数字をかき入れる。

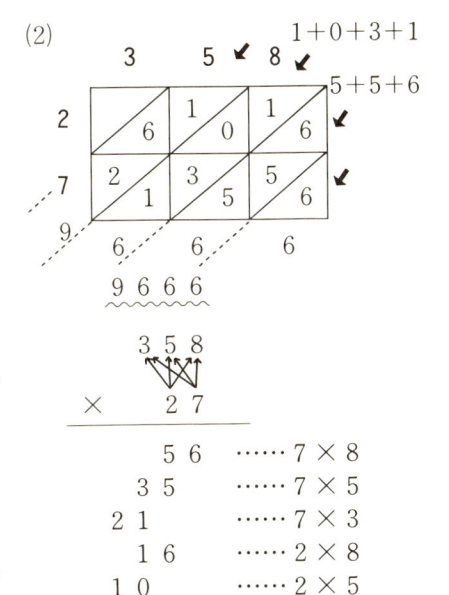

(2)

$$
\begin{array}{r}
358 \\
\times 27 \\
\hline
56 \cdots\cdots 7\times8 \\
35 \cdots\cdots 7\times5 \\
21 \cdots\cdots 7\times3 \\
16 \cdots\cdots 2\times8 \\
10 \cdots\cdots 2\times5 \\
6 \cdots\cdots 2\times3 \\
\hline
9666
\end{array}
$$

(注)除法についてはオモテ表紙側の見返し参照。

4　記号の計算

「計算を速くするために演算の記号を考案し，次に未知数を x, y, z など，既知数を a, b, c などの文字記号を使うようになったでしょう。このように記号が発達してくると，次に何が問題になるのですか？」

澄子さんにとっては，発展の歴史に興味があるのです。

あなたも，このことを考えてみてください。

「文字式の書き表わし方が問題になるし，それにともなって記号の計算が問題になってくる。

まず第1段階は，いろいろな事柄を文字によって一般的に表わすところからはじまるだろう。

たとえば，右のようだ。

3桁の数を abc と書く生徒がよくいるが，これは文字の使い方の意味がわかっていない証拠だね。

これは具体的な数で考えるとよくわかる。」

「なるほどね。お父さん，次は演算記号の省略でしょう。中学校1年のとき習いましたよ。」

「演算記号の省略なら右のように小学校時代から習っていますよ。」

「そういえばそうだね。よく気がついた。ではこの冴えているところで中学1年の内容を言ってもらおうか。」

―― 一般式の例 ――
奇　数　　$2n+1$
3桁の数　　$100a+10b+c$
r%の数　　$0.01r$, $\dfrac{r}{100}$

$245 = 200 + 40 + 5$
$ = 100 \times 2 + 10 \times 4 + 5$

―― 記号の省略 ――
÷の省略
　　$3 \div 5 = \dfrac{3}{5}$
＋の省略
　　$1 + \dfrac{1}{4} = 1\dfrac{1}{4}$
×の省略
　　$2 \times 7 = 2 \cdot 7$
　　$5 \times 5 \times 5 = 5^3$

「はあい。ではまとめてみます。」

Ⅰ 文字をふくむ式では，次の場合の乗法記号×は省略できる。
  (1) 数字と文字の間
      （例） $3 \times a = 3a$, $x \times 5 = 5x$
    ・交換法則を使って，数字は文字の前に書く。
    ・$x \times 1$ や $1 \times x$ は $1x$ としないで，x と書く。
  (2) 文字と文字の間
      （例） $a \times b = ab$, $x \times 5 \times a = 5ax$, $r \times \pi \times 2 = 2\pi r$
    ・交換法則を使って，文字はアルファベットの順に並べる。
    ・π は数字の代りだから文字の前に書く。
    ・同じ文字をかけるときは累乗の形で表す。
  (3) 数字とかっこ，文字とかっこ，かっことかっこの間
      （例） $3 \times (a+b) = 3(a+b)$, $(x+y) \times m = m(x+y)$
      $(a+b) \times (x+y) = (a+b)(x+y)$

Ⅱ 除法では，割る数や文字を分母とする分数にして除法記号÷は省略できる。
  (1) 数字と文字の間
      （例） $a \div 3 = \dfrac{a}{3}$ ですが，一方 $a \div 3 = a \times \dfrac{1}{3} = \dfrac{1}{3}a$ ですから $\dfrac{a}{3}$ と $\dfrac{1}{3}a$ とは同じです。
    ・分数は仮分数にする。$x \times 1\dfrac{3}{4} = \dfrac{7}{4}x$
  (3) 文字とかっこの間
      （例） $(x+y) \div c = \dfrac{x+y}{c}$。$\dfrac{(x+y)}{c}$ とかっこはつけない。
  (2) 文字と文字の間
      （例） $a \div b = \dfrac{a}{b}$, $x \div y \div z = \dfrac{x}{yz}$
    ・分数の形で表わす。

「よくまとめられたね，上等上等。

では最後に，A∪B，A∩Bという集合の演算を考えてもらおう。つまり，最もわかりやすい上，図で示せるという意味でおもしろい記号の演算なのだ。

いま，全体集合をUとし，次の例を基礎にして下の(1)，(2)の図（ベン図）に斜線をかき入れてごらん。

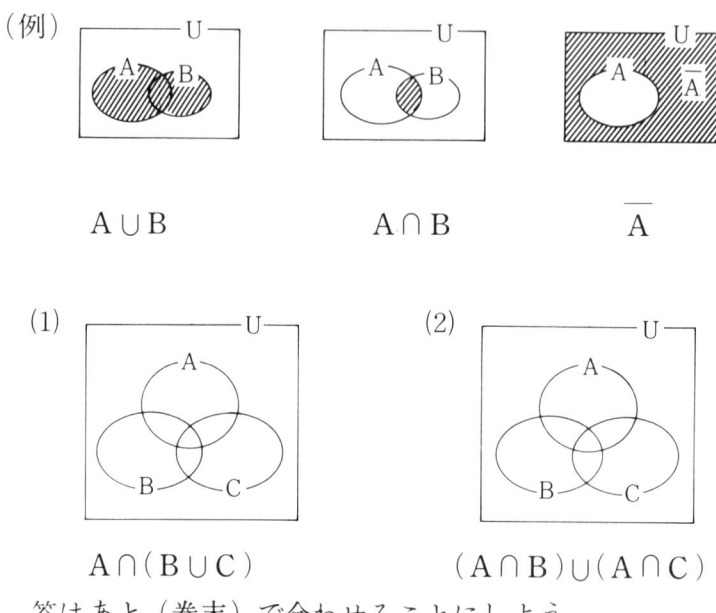

(例)

A∪B　　　　　　　A∩B　　　　　　　$\overline{A}$

(1) A∩(B∪C)　　　　　(2) (A∩B)∪(A∩C)

答はあと（巻末）で合わせることにしよう。」

♪♪♪♪♪ できるかな？ ♪♪♪♪♪

図（ベン図）を使って次のことが成り立つことを証明しなさい。

(1) $\overline{A\cup B}=\overline{A}\cap\overline{B}$ 　　(2) $\overline{A\cap B}=\overline{A}\cup\overline{B}$
(3) A∩(B∪C)=(A∩B)∪(A∩C)（上図）⎫
(4) A∪(B∩C)=(A∪B)∩(A∪C)　　　　⎬ 分配法則
　　　　　　　　　　　　　　　　　　⎭

8

賭博師の計算──確率
──ベネチア，ジェノバ，ピサ

1　一攫千金の夢

「江戸前期の豪商に，紀國屋文左衛門という人がいたのを知っているだろう。紀州（和歌山県）出身の人で，暴風雨をおかして紀州ミカンを江戸に運び大もうけをしたといわれているね。

古代ギリシアの商人ターレス（B.C.6世紀，幾何学の開祖）はオリーブの大豊作を予想してオリーブ圧搾器を買い占めて，巨額な利益を得たと伝えられている。

さて，北イタリアの各都市の商人は，十字軍時代に引き続きルネサンス，大航海時代に，お得意の船を利用して大活躍し，一攫千金の夢を果したんだよ。商人はすごいね。ベネチア，ジ

ベネチアの港

ェノバ，ピサはその代表的なものだ。」

「一攫千金といえば，アメリカのラスベガスがすごいってお父さんが前に言ってたわね。お父さんはスロット・マシンで5ドルの損だったっけ。」

ラスベガスの不夜城

「そういえば，日本の某歌手がスロット・マシンで数百万円もうけた，と新聞に出ていましたね。

まさに"濡手で粟"というところですね。」

「ああ，そんなことがあったなー。そうそう，某代議士がブラック・ジャックかなんかで，同じラスベガスで何億円か損をしたといわれていたろう。

一攫千金は，まかりまちがうと一失万金でもあるんだね。」

「お父さんはあの旅行のとき，ディズニーランドの建設では砂漠の真中に造って成り立つかどうかの確率をスタンフォード大学の数学研究室に依頼した，といっていたでしょう。ディズニーも大きな賭をしたわけね。」

「澄子は記憶力がいいナ。ところで何か新しいことをはじめるときは大なり小なり確率の考えが入っているのでしょう？」

克己君が感心しながら言いました。

「この"確率"という数学が16世紀頃のイタリアで誕生したのだよ。それはなぜだろうか。

今まで話にでてきたように，北イタリア各都市の商人は通商のため船で海外に出て，ときに難破などすることがあっても一攫千金ということがしばしばあったんだ。」

2　偶然の数量化

「ここで2人に質問だよ。

こうした一攫千金の風潮をもった街，社会というのはどのように変貌していくと思うかい。」

澄子さんは得意なジャンルなので目を輝かしていいました。

「いわゆるアブクゼニを手にした人たちは，賭事に金を湯水の如く使います。どうせうまくもうけた金だ，とか，なくなったらまた稼げばいい，といった気分があるからです。

すると，そこには酒場が並び，それにともなって歓楽街となり，夜のない街になるんです。

日本でも昔は漁港がそうした街を作っていましたね。」

「一攫千金で大金を得た男たちは，"飲む，打つ，買う"で金を使う，というわけですか。」

「古今東西，こういう傾向はどこにもあるんだね。こうした街では，やがて賭博師が登場してくる。中にはイカサマ師もいるが，ときには"カケ"という偶然に対して，何らかの規則性を発見し，勝負に利用しようとする利巧者もいたわけだ。

その代表者が，方程式オリンピックに名を連らねた1人，ミラノ生まれでボローニア大学数学教授で奇人といわれたカルダノ（P.121）だ。

彼は専門の賭博師であり，偶然をはじめて数量的に取り扱った点で，後世への貢献度は大きいね。」

「何かの本で，イタリアの大物賭博師は，賭に勝つために計算に強い数学者をおどかして賭博場に連れて行き，勝負のたびに何に賭けると勝つかを計算させて，大もうけをした，という話を読んだことがあります。」

克己君らしい説明です。

「そんなこともあったかも知れないが，まあ丁半(ちょうはん)の世界にも計算が入るというのはおもしろいことだね。

あの有名なガリレオは，カルダノが1562年にボローニア大学教授になった頃，フィレンツェの貴族の子として生まれている。その後の彼の経歴をまとめると下のようだよ。

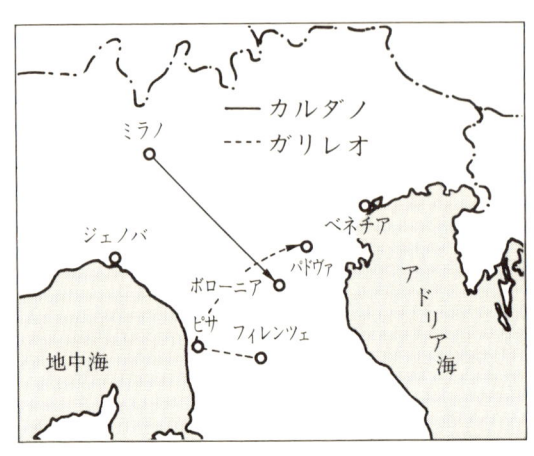

―― カルダノ
--- ガリレオ

ミラノ　ジェノバ　ベネチア　ボローニア　パドヴァ　ピサ　フィレンツェ　アドリア海　地中海

ガリレイ
G. Galilei
(1564〜1642)

優秀な学者を育てた人としても有名で，積分学の創始者カバリエリ（ボローニア大学），サイクロイド研究者で物理学者のトリチェリ，宮廷数学者ヴィヴィアニなどを輩出した。

しかし，ここでガリレオをとりあげたわけは，カルダノと共に"確率"の基礎を築いた点だ。」

―― ガリレオ・ガリレイ ――
1562年　フィレンツェ生まれ
1581年　ピサ大学医学部入学。在学中にピサ寺院の吊燈の振動を見て『振子の等時性』を発見
1589年　ピサ大学教授。2年後『落体の法則』を発見してピサの斜塔で実験
1592年　ベネチア近くの街，パドヴァ大学教授
1616年　宗教裁判
　　　　"それでも地球は動いている"
　　　　　(E pur si move !)
1642年　盲目と不遇のうちに没す

8　賭博師の計算——確率

「この時代の人たちって，ずいぶん幅広い興味をもっていて，しかも立派な業績をあげているんですね。すごいなー。」

「ガリレオは，『サイコロの賭博に関する考察』という論文を出しているんだ。

また，こんなおもしろい話が伝えられている。

ある賭事好きの貴族がガリレオに"3個のサイコロを同時に投げるとき，その目の和が9のときと，10のときとは，それぞれ6種類ずつで同じなのに，実験してみると目の和が10になる方が多い。それはなぜか"という質問を出した，というのさ。

澄子，この6種類ずつという，6種類をあげてごらん。」

「はい，考えてみます。」

そう言ってしばらく考えた後，下のようにまとめました。

目の和が9	目の和が10
(1　2　6)	(1　3　6)
(1　3　5)	(1　4　5)
(1　4　4)	(2　2　6)
(2　2　5)	(2　3　5)
(2　3　4)	(2　4　4)
(3　3　3)	(3　3　4)

「できました。これでいいんですね。

貴族のいうことが正しいようですけれど，やはり目の和が9と10とでは差があるのですか？」

「誰もそう思うんだね。これに対して疑問をもったガリレオはすごいよ。克己，澄子のあとを続けてごらん。」

「わかりました。はじめに，同じ大きさの3個のサイコロとすると混乱するので，大，中，小の3個のサイコロとして考えます。すると（1，2，6）というのは，右のように6種類あることに気がつきます。

また，（1，4，4）のように，2個同じ数があるときは3種類あることがわかります。

あと同じように計算していくと目の和が9のときと10のときではわずかながら差があります。

それにしても貴族は相当根気よく実験したんですね。熱心なのか暇なのか。」

大	中	小
（1	2	6）
（1	6	2）
（2	1	6）
（2	6	1）
（6	1	2）
（6	2	1）
～～～～～～～～～～		
（1	4	4）
（4	1	4）
（4	4	1）

目の和が9

（1　2　6）⇒6種類
（1　3　5）⇒6種類
（1　4　4）⇒3種類
（2　2　5）⇒3種類
（2　3　4）⇒6種類
（3　3　3）⇒1種類
　　　　　＿＿＿（＋
　　　　　25種類

目の和が10

（1　3　6）⇒6種類
（1　4　5）⇒6種類
（2　2　6）⇒3種類
（2　3　5）⇒6種類
（2　4　4）⇒3種類
（3　3　4）⇒3種類
　　　　　＿＿＿（＋
　　　　　27種類

「よく計算したね。なかなか難しいことなんだ。落ちや重複が出てしまうのさ。これは『場合の数』を数える，という。」

3 『場合の数』の数え方

「16世紀中頃に，イタリアのカルダノ，ガリレオが"偶然の数量化"に着手してから，『確率』という学問が誕生—発展していくのだけれど，なかなか簡単に出来上がるものではないね。

確率というのは，

$$\frac{\text{特定の事象Eの起こる場合の数}(r)}{\text{ある事象の起こる全ての場合の数}(n)} \text{ より } \quad P_{(E)} = \frac{r}{n}$$

で定義されるわけだから，いずれにしても『場合の数』が正しく数えられなくてはならない。

さっきの賭事好きの貴族は，『場合の数』が正しく数えられなかったわけだ。

ついでに，上の定義に従って，3個のサイコロを投げたときの，目の数の和が9になる確率，10になる確率を計算してごらん。」

「ぼくが計算してみます。

まず，起こる全ての場合の数は $6^3 = 216$

目の数の和が9になる場合の数は 25

これから $\quad P_{(9)} = \dfrac{25}{216}$

同じようにして

$$P_{(10)} = \frac{27}{216}$$

いいでしょうか。」

「正しいよ。確率の差が $\dfrac{2}{216}$，つまり $\dfrac{1}{108}$ では，実験からもなかなか発見できないね。

もう少し『場合の数』について話をしよう。
　18世紀フランスの著名な数学者ダランベールが"2枚の硬貨を投げるとき，2枚とも表になる確率は$\frac{1}{3}$である"と言ったという笑い話がある。18世紀になってもまだ，場合の数が正しく数えられなかったのさ。」
　澄子さんが不思議そうな声をして，
　「確率$\frac{1}{3}$で正しいんではないの？　　　　（表，表）
だって場合の数を数えてみると，右の　　　（裏，裏）
3種類でしょう。だったら（表，表）の　　（表，裏）
確率は$\frac{1}{3}$じゃあない？」
　克己君が笑いながら言いました。
　「これはさっきのサイコロの場合と同じで，大きさを変えるとか色をつけるとかすると間違わないね。同じ形の2枚の硬貨だと（表，裏）が1組みたいだけれど，（裏，表）もあるので2組できるわけだから，場合の数は4種類。だから（表，表）の確率は$\frac{1}{4}$というのが正しいのさ。」
　「なあるほどね。場合の数を数えるというのは結構難しいことだわ。私はあまり几帳面でないので，数え落としが出そうだな。」
　「重複や落ちがないような数え方はいろいろあるので教えてあげよう。
　それに当たって，澄子に問題を出そう。
　いま，ブラウス5枚，スカート3枚をもっていて，毎日，ブラウスとスカートの組合せを変えて着るとしたら，何日間違った服装ができるだろうか？」
　「5×3＝15，15日間，なんていう計算ではおかしいんでしょうね。きちんと数えてみましょう。

8　賭博師の計算——確率

　いま，ブラウス5枚の色が，白，赤，青，黄，紺とし，

　スカート3枚の色が，黒，緑，茶として，その組合せを並べてみると，……

　それぞれに3つずつ対応するので，5×3という計算で出てきます。

　あらっ，私が適当に言ったのが当たったわ。驚いた！」

　「澄子の右の図のようなのを"樹形図"と呼んでいる。ちょうど，樹が枝をはった形に似ているのでこんな名がついているのさ。

　たとえば，A，B，C，D4人がリレーの選手としてクラス代表になったとき，走者の順の組合せがどれだけあるかを調べるときは，右の樹形図だとわかりやすいね。」

　「私の考えは正しかったんですね。

　それにしてもこの図はすごいですナ。全部で24種類もあるのですか。」

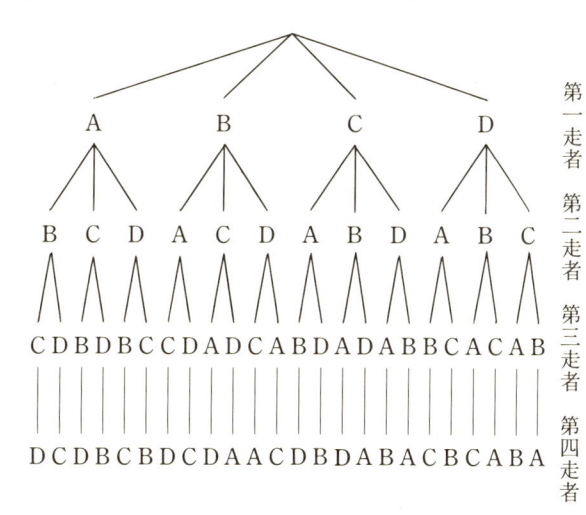

151

「たった4人でこれだから，組合せというのはすごい数になるものだね。

　この計算は右の図でわかるように，

　　　　$4 \times 3 \times 2 \times 1$

で求められる。

　階乗の記号（！）を使って，

　　$4! = 4 \times 3 \times 2 \times 1 = 24$

ということになる。」

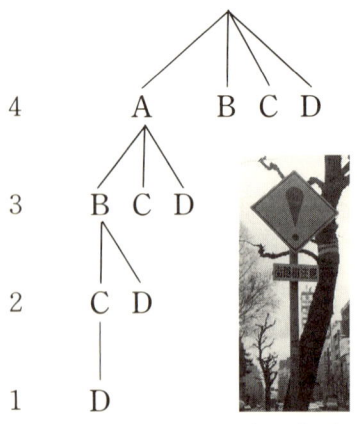

```
4    A    B  C  D
    /|\
3  B C D
   /|
2  C D
   |
1  D
```

街の記号

「！はビックリ・マークでしょう。数学の記号ではこんなのも使うのですか，だったら？もありますか？」

「残念ながら"？"はない。君が数学者になって作ってくれよ。

　　$5! = 120,\ 6! = 720,\ 7! = 5040,\ \cdots\cdots$

というように，ビックリする速さで数が大きくなるのでこの記号を当てたんだろうよ。

　さて，さっきのブラウス，スカートの場合の数の数え方だけれど，方眼の格子点を利用してもいいのさ。

　右の図を見てごらん。

　2つのものの組を考えるときはこの方法が正確にできるだろう。」

「お父さん，ぼくはどうも"順列"と"組合せ"の区別がつかなくて間違えるのだけれど，この際，ちがいを説明して下さい。

　ついでに $_nP_r$ や $_nC_r$ のことも──。」

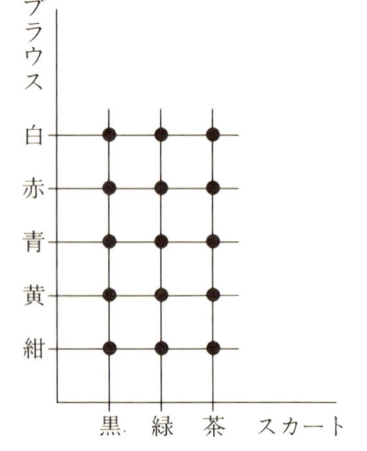

8 　賭博師の計算——確率

「お兄さん，$_nP_r$ とか $_nC_r$ って何のこと？」

「P は Permutation（順列）の頭文字，C は Combination（組合せ）の頭文字で，$_nP_r$ とは，n 個の中から r 個とり出すときの順列の数，$_nC_r$ は n 個の中から r 個とり出すときの組合せの数のことさ。」

「よくわかっているじゃあないか。よし具体例でいこう。

さっきの4人のリレー選手でね，2人リレーになったとしよう。

このとき2人が補欠になる。

この場合，走者の順があるので順列の問題になるだろう。つまり，順列の数は，4人の中から2人選ぶので

$$_4P_2$$

という記号で表わして，

$$_4P_2 = 4 \times 3 = 12$$

ところが，右にあるように，走者の順を考えると別だけれど，走る組として見れば同じ。たとえば (A, B) と (B, A) は"組合せ"では1種類と考えるのだ。

逆に言うと，組を考えたものが"組合せ"，さらに組の中で順序を考えたものが"順列"ということになるね。

上の例では各組の中が2つだから，順列と組合せの関係は

$$_4C_2 = \frac{_4P_2}{2}$$

ということになる。

（これらは走者の順はちがうが組としては同じ。）

"順列"と"組合せ"の一般の関係式は右のように表わせるね。」

$$_nC_r = \frac{_nP_r}{r\,!}$$

　「あら！　また記号"！"が登場してきたわ。それにしても，この式は私にはさっぱりわかりません。公式の意味を実例で教えて下さい。」

　「そうしようか。では澄子のクラスでね，40人だっけ。この中からクラス役員（学級委員，議長，書記の3人）を1人ずつこの順に選出することにしたとしよう。3人の選び方は何通りあるだろうか。」

　「はい。学級委員は40人の中から1人，議長は残り39人の中から1人，そして書記は38人の中から1人を順に選ぶので，
　　$40 \times 39 \times 38 = 59280$（通り）

すごい数です。これが"順列"ですね。式にすると，
　　$_{40}P_3 = 40 \times 39 \times 38$

ですか？」

　「そうだよ。次にね，役柄を指定しないで，40人中3人を選び，選ばれた3人が相談の上で役柄を決める方法の場合を考えてみよう。

　このときは，学級委員，議長，書記の3役がつくる組の個数は右のように6種類あるだろう。これは$3! = 3 \times 2 \times 1 = 6$だ。"組合せ"は"順列"の$\frac{1}{6}$になるということなので，

$$_{40}C_3 = \frac{_{40}P_3}{3\,!}$$

という式になる。計算すると，9880通りになるよ。」

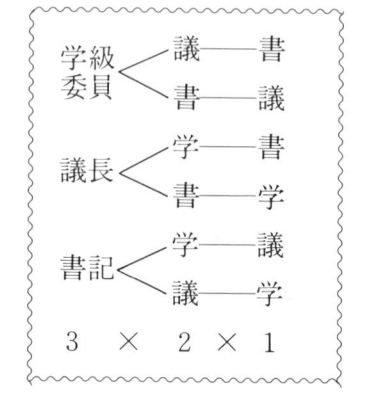

```
学級    議 ── 書
委員  <
        書 ── 議

        学 ── 書
議長  <
        書 ── 学

        学 ── 議
書記  <
        議 ── 学

  3  ×  2  ×  1
```

4 確率とその計算

「さて，準備ができたところで，いよいよ確率の計算といこう。ここに，今年のお正月に送られてきた年賀状があるんだよ。

"お年玉くじ付き"なので，番号を末位 0〜9 によって分けて，それぞれの枚数を調べてみたが，何を発見したと思うかい。」

「全部で396枚だから，各数字それぞれ確率 $\frac{1}{10}$ で大体40枚ずつ位来ている，ということでしょう？」

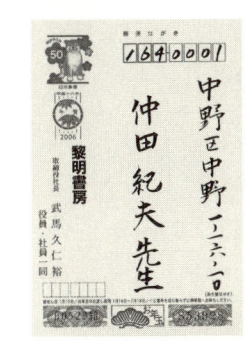

「そうなればおもしろいと思って分類した上，それぞれの枚数を数えてみたのさ，どうなったと思う。

右のようだよ。」

「あら！，ずいぶん散らばっているんですね。

天気予報と同じで，確率ってあんまりあてになりませんね。」

「ほんとうだ。33枚もあれば，50枚もある。40枚前後のものはたった半分というところですか。

ところで，賞品が当たったのはどれほどですか？」

「いやー，お父さんはクジ運が悪くていつもだめなんだよ。

今年も4等が8枚当たっただけさ。」

澄子さんが不思議そうな顔をして，

「4等というのは100枚中3枚当たる割合なんでしょう。400枚位年賀ハガキ

末位	枚数
0	38
1	35
2	37
3	33
4	50
5	40
6	41
7	43
8	39
9	40 (+
	396

がきたのなら,12枚位当たっていいし,まがよければ3等が$\frac{2}{1000}$だから1枚当たるでしょう。4等8枚とはひどいわね。

こうなると,ますます確率ってものに対して信用できなくなるわ。」

「2人とも年賀状から確率に対して疑問をもってきたからこの辺で確率の意味の話をするかね。

確率には,"数学的確率"と"経験的確率"とがある。

数学的確率というのは,理想的にできている硬貨やサイコロで,硬貨の表が出る確率は$\frac{1}{2}$,サイコロで5の目が出る確率は$\frac{1}{6}$などのように,計算上から出す値だね。一方,経験的確率は,サイダーのキャップや画びょうの表裏などのように確率が計算では求められないものに対し多数回の実験から得るとき,その確率のことをいうんだ。」

「年賀状のお年玉くじでは,数学的確率が計算できるのでしょう。つまり,お父さんの場合,経験的確率と数学的確率とが一致していない,という話になるわけですね。

いま,ものすごーく,たとえば1億枚も年賀状がくれば経験的確率が数学的確率に近づいてきますね。」

克己君の話を聞いていた澄子さんが笑いながら,

「じゃあ,お年玉年賀ハガキを全部買い占めたら,お年玉くじに当たる数学的確率と経験的確率とが一致するわけでしょう。

だんだんわかってきたわ。でも,事柄によっては数学的確率が求められないときもあるでしょう。」

「いい点に気がついたね。これが確率で大事な点なんだ。

次のグラフは,硬貨を多数回投げ,表の出る割合を調べたものだが,回数をふやすと次第に数学的確率の値に近づいていくようすがわかるだろう。実験ではあくまでも近づくだけで一致

8 賭博師の計算——確率

大数の法則（硬貨で"表"が出る割合）

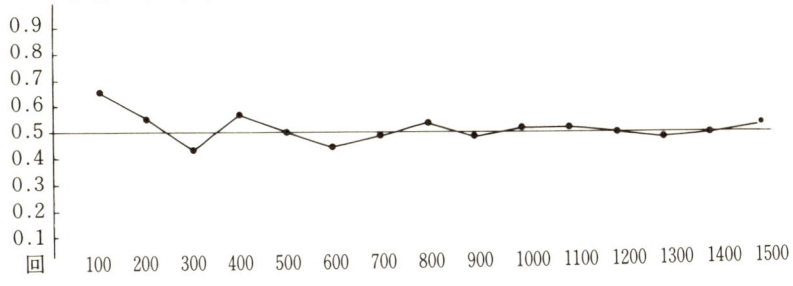

はしないね。

　さっき澄子が言ったように，経験的確率が数学的確率と一致しなくてもいいのさ。むしろ一致しないのがふつうだ。

　これが"偶然の数量化"の特徴で，それまでの数学の計算のように，ピッタリとした値は得られない。

　世の中の大体のことは，経験的確率でしか，そのものの確率が求められないだろう。その裏付けというか信頼の根拠が数学的確率と"大数の法則"なんだね。」

　「いま，世の中のことは数学的確率で計算できない，といったけれど，そうかな？　たとえば，

・入試に受かるか落ちるか，
・宇宙に，宇宙人がいるか，いないか，
・明日，天気になるか，そうでないか，

などという"あれか，これか"のたぐいは，皆，確率$\frac{1}{2}$になるんじゃあないの？」

　「澄子は，おもしろい疑問をもつな。言われてみるともっともらしく思えるけれど，皆間違いですよね。

でも，間違いだ，ということをどうやって説明したらいいかナー。

お父さん，よろしく。」

「確率の基本で，最も大切な考えは，

① 同じ確からしさ
② 大数の法則

の2点だよ。

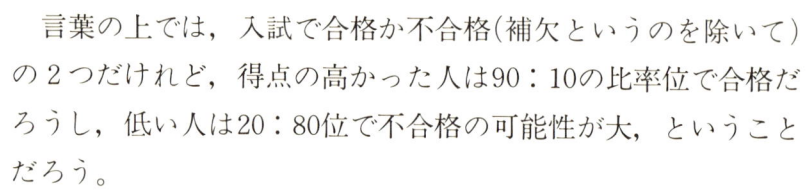

いま，澄子が言った例は，どれも対立する2つのものの"確からしさ"が等しくないのさ。

言葉の上では，入試で合格か不合格(補欠というのを除いて)の2つだけれど，得点の高かった人は90：10の比率位で合格だろうし，低い人は20：80位で不合格の可能性が大，ということだろう。

他の場合も同じだね。硬貨を投げたときの"表か裏か"というものとは違うだろう。」

「よくわかりました。もう1つ質問したいんですが，くじ引きのことです。

くじを2人で引くとき，初めに引いても後に引いても同じだ，といいますけれど，これは計算で説明ができるのですか。」

「もちろんできるよ。このくじ引きなどは，理屈より心理の方の問題で，くじに強いと思っている人は初めに引きたいと考えるし，残りものに福という考えの人は後で引きたいと思うだろうね。

澄子はくじ運の良い方だから，先に引きたい方だろうね。」

「教えてもらうために，1つ例をあげますね。

いま，この容器に当たりの球2個と外れの球3個とが入って

いて，この中から1個だけとり出すことにします。

　最初の人が1個とり出すとき，それが当たりの確率は$\frac{2}{5}$でしょう。

　これはわかりますが，後に引く人の確率の計算ができないのです。どうやって計算するのですか？」

　「確かに難しいのだ。ていねいに説明しようね。

当たり　2個
外　れ　3個

(1) 最初の人の1個が当たりのとき，残っているのは当たり1個と外れ3個なので，次の人が当たる確率は，

$$\frac{2}{5} \times \frac{1}{4} = \frac{1}{10}$$

(2) 最初の人の1個が外れのとき，残っているのは当たり2個と外れ2個なので，次の人が当たる確率は，

$$\frac{3}{5} \times \frac{2}{4} = \frac{3}{10}$$

(3) これより，後の人が当たる確率は，

$$\frac{1}{10} + \frac{3}{10} = \frac{4}{10} = \frac{2}{5} \qquad よって\frac{2}{5}$$

どうだい。当たる確率は2人とも同じだろう。」

　「確かに同じだけれど，最初の人が当たるか，外れるかで条件を分けたり，2つの確率をかけ算したり，最後にたしたりすることがよくわかりません。」

　「確率では加法定理，乗法定理というのがある。それを簡単に説明しよう。

加法定理というのは，1個のサイコロを投げたとき，目の数が2か4である確率を求めるには，それぞれ$\frac{1}{6}$なので，

$$\frac{1}{6}+\frac{1}{6}=\frac{2}{6}$$

として計算するのがそれだよ。また，乗法定理というのは，ジョーカーを除いた52枚のトランプを1枚引き抜いたとき，それがハートで偶数である確率を求めるとき，ハートの確率は$\frac{1}{4}$，偶数は$\frac{6}{13}$で，これが同時に起こるから

$$\frac{1}{4}\times\frac{6}{13}=\frac{3}{26}$$

として計算するのがそれだ。」
　「定理ではなくてていねいに数えると，サイコロでは6の目のうちの2つだから$\frac{2}{6}$，トランプではハートで偶数のものは6枚あるから，$\frac{6}{52}$つまり$\frac{3}{26}$で，いずれも答は一致します。
　しかし，まだよくわかりません。」
　「一口でいうと，"AかBか"（AまたはB）というとき加法定理による。そして"AでB"（AかつB）というときは乗法定理による，ということだね。 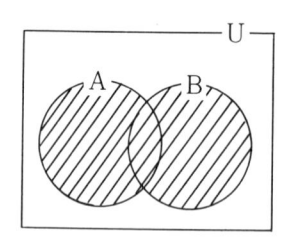
　前に集合の演算（P.142)をやっただろう。
　全体の集合Uが起こり得るすべての場合の数，集合A，Bはあることが起こる場合の数という見方をすることができるんだ。 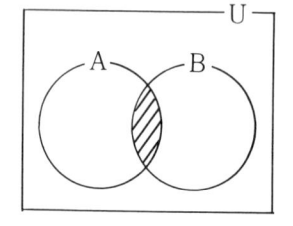
　確率と集合とがこんなところで深

くかかわっているのはおもしろいだろう。」

「確率では，"または"というときは加法定理，"かつ"というときは乗法定理によるということですか。そういうことならおぼえやすいですね。

1つ問題を出してみて下さい。」

「珍しく澄子が積極的だね。では問題を出そう。

(1) 中の見えない袋に，赤球が4個，白球が6個入っている。いま，1個をとり出してそれを袋にもどし，もう1個とり出したとき，2個とも赤球である確率を求めよ。

(2) ジョーカーを除いた52枚のトランプで，これを1枚抜いたとき，絵札またはクラブである確率を求めよ。

さあ，やってごらん。」

「(1)は10個の中から赤球4個の中の1つをとり出すのだから，赤球の確率は $\frac{4}{10}$, これが続いて起こるので，"かつ"だから乗法定理より，

$$\frac{4}{10} \times \frac{4}{10} = \frac{4}{25}$$

(2)は絵札の確率は $\frac{12}{52}$ クラブの確率は $\frac{13}{52}$

"または"なので，加法定理より，

$$\frac{12}{52} + \frac{13}{52} = \frac{25}{52}$$

これでいいんでしょうか。」

「よくがんばったね。考え方はいいが(2)の方はおかしいぞ。

絵札またはクラブというとき，絵札でクラブのものが3枚あるだろう。ていねいに数えると，

絵札12枚，クラブ13枚，絵札でクラブが3枚，

結局 (12+13)－3＝22。

だから $\frac{22}{52}$ とするのが正しいよ。

細心の注意が必要だね。

では最後に，日常的な話題を出そう。

2人が街を歩いていたら，右のような空くじなしのくじ屋がいて，くじ券1枚200円だというのだ。

このくじを引くのは得か損か？」

	賞　金	本数
1等	円 10,000	本 2
2等	5,000	10
3等	1,000	20
4等	500	50
5等	100	1000
計	21.5万円	1082

「得か，損かといわれてもわからないわ。さっきの年賀状のお年玉くじのように全部買ったらどうかしら？」

「ぼくは1等，2等，……それぞれの確率を計算してやるんじゃあないか，と思うけれど……」

「それでは自分の考えで計算して200円で挑戦して得か損かを言ってごらん。」

あなたも考えてみて下さい。

　　　　♪♪♪♪♪できるかな？♪♪♪♪♪
(1)上の質問に答えよ。
(2)上のくじで，空くじが1000本あるとするとき，このくじを引くくじ券1枚の値段が最低いくら以上なら「くじ屋」は損をしないか。

9

数と計算が教える！

1　生きた数表——統計

「16世紀から17世紀にかけて"反数学"と呼ばれる数学が2つ誕生したんだよ。

反数学という言葉がおもしろいだろう。この2つは2人とも知っている内容だがわかるかな。」

2人は一瞬キョトンとしました。数学に反するものが数学だなんて矛盾です。まさにパラドクスですね。

数学に反するものが、なぜ"反数学"の名で数学の仲間に入れるのか。

あなたはどう思いますか？

ちょうど、"この塀にハリ紙を禁ずる"と書いた塀のハリ紙のようではありませんか。

しばらく考えていた克己君が口を開きました。

「数学に反する、という意味は、それまでの"数学"というワクにない、ということでしょう。そうすると、"偶然の数量化"といわれた確率がその1つでしょうね。」

「そうだね。前にも話したが、

それ以前の数学はキチンとした値の出るもの，あいまいさのないものが数学の対象であり，その明確さが数学の特徴だったのだ。しかし，あいまいなものの代表である確率も数学の仲間入りをさせたね。ところでもう1つは何だろう。」

「よく統計・確率って組にしてよんでいるから，統計かな？」

「澄子は勘がいいね。そう，その統計だよ。

これもいろいろな項目について数を集めたものだし，観点を変えると違う数量になるし，ものによって変化するし，……というわけで，ハッキリしたものではないね。だから，やはり反数学だったわけだ。」

「反数学があるからには，非数学，不数学などというのもあるんでしょう？」

「いよいよ澄子の頭が冴えてきたね。不数学はないが，19世紀になると"非数学"といわれるものが登場するね。これは有名な"非ユークリッド幾何学"だが，説明すると大変だから省略する。（拙著『ピラミッドで数学しよう』P.171参照）

20世紀に入ると，文学や心理学などの領域へも数学が進出しはじめ，まさに"反数学"の大発展という時代になったよ。

このことから，ある有名な数学者は，

"数学とは何か，を述べることはできないが，数学でないものは何かを述べることはできる"

と言った。なかなかおもしろい話だね。

新しい数学が，次々と誕生するので，数学の定義はできないということだ。数学の特性を上手に表現している。」

「お父さん，話をもとにもどすようですが，反数学の統計は大昔からあったのではないですか。

だってエジプトのピラミッド建造や中国の万里の長城建設で

9　数と計算が教える！

ピラミッド　　　　　　　万里の長城

は，たくさんの人や食糧，資材などの量を表にまとめたり，計算したりしたわけでしょう。

　当然，統計表があったと思えるわ。」

　「その通りだ。しかし，この時代のものは単なる数の表であってそれ以上の意味はない。広い立場から見れば素朴な統計と言うことはできるけれどね。

　本当の"統計"はこの数の表からその裏にある(底に流れる)何かを読みとることだ。

　素朴な統計も含めて，統計学の発展を見ると次のようになる。

　1　記録時代（昔）　　　資料の収集と分類が主。
　2　記述時代（17世紀）数表の奥にひそむものを読みとる。
　3　関数時代（18世紀）数値の中味を分析し数値間の関係に
　　　　　　　　　　　　目を向ける。
　4　推計時代（19世紀）既知のことをもとにし，確率の考え

を導入して将来を予想する。
 5　検定時代（20世紀）推計で予想したことの信頼性を調べる。
　一口に統計といってもこのようにどんどん発展し，社会に欠くことのできない数学となっているんだよ。」
　「あらー，統計って数の表を作ることだと思っていたわ。少し利口になったかな。
　ところでお父さん，17世紀になって突如"統計"が誕生したのには，何か原因があるんでしょう？」
　「歴史家澄子の原因—結果論だね。
　ほとんど同じ頃，ドイツとイギリスで誕生した。しかしそのきっかけは全く別なのが興味深い。
　ドイツは有名な30年戦争（最初にして最後の最大な宗教戦争で1618〜48年）で戦場と化したので国土が荒廃し，人口は減り，資源がなくなり，大変な目に会った。その復興のために国勢調査をしたことが統計を誕生させた。
　一方，イギリスは，ルネサンス以後商業貿易活動の中心がイタリア，そしてポルトガル，スペインと移り，やがてイギリスのロンドンが主役を握ったね。
　すると諸国から沢山の外国船が入って来て活気を呈したのはよかったが，ペスト，コレラなどの伝染病も一緒にもってこられたのだ。」
　「よいことばかりはないものね。予防注射や伝染病対策のない時代だから，沢山の死者が出たんでしょう。」
　「ロンドン市では，1517年以降，ロンドンの寺院で埋葬された人の数を毎週集計して『死亡表』を発行していたという。
　世の凡人は，今日の週刊誌でも見るように，今週はどんな病

気の死者が多いとか，最近ひどいからどこかへ引っ越そうとか，といった話の種にしていたが，1人，目のつけどころがちがう人物がいた。

それがいまから登場する商人ジョン・グラントだ。」

「商人ってすごいのね。どんな方法をとったのですか？」

「60年もさかのぼって『死亡表』を集め，さらに，それらを年度，季節，疫病の種類，外国船など毎に資料を整理し，これらの新しい表から読みとれる傾向を発見した。つまり，

(1) たくさんのデータ集め
(2) 内容，観点毎によるデータの分類
(3) 新しくできたデータ表の傾向の発見と推察，予想

という手順を踏み，1枚の表からは何も見出せなかったものを，"生きた数表"に作りかえたのだよ。」

「ぼく，いまフッと気づいたのですが，統計もある意味では"大数の法則"によっているのですね。」

「そうだよ。よく気づいたね。そういう意味では確率と共通部分がある。少しのデータでは何もわからないが，沢山の資料があると，ある傾向が見られる。まさに"大数の法則"だ。

ジョン・グラントは名著『死亡表に関する自然的及び政治的観察』(1662年)を発刊し，これが近代統計学の出発点になった。」

「ドイツの統計は国勢（戦争）から，イギリスの統計は社会（疫病）からということですか。イギリスの方は大航海時代に関係があったわけで，なかなか興味深いことです。」

2 動く数のルール——関数

「大航海時代の初期はイタリアの独占だったが，中期以降はイギリスとドイツで，計算記号の発明もイギリス，ドイツの計算師が大活躍していただろう。

やがて，イギリス，ドイツでほとんど同時代に"関数"の研究が高まったんだ。微分・積分といえば名前は聞いたことがあるだろうが関数の代表だね。イギリスのニュートン，ドイツのライプニッツが相競った。

計算王国の両覇者が"動く数"のルールに着目したといえるね。」

「"動く数"で思い出したワ。

お父さんに質問しますよ。

ある機械（右上）があって，数4を入れたら日本と出，8を入れたら富士，10は朝日，そして12のとき東京と出たの。では6を入れたら何がでるでしょうか？」

「アッ，ぼく知っているよ。6は文化だろう。」

「アッタリー。お父さんはどう？」

「なんでわかるのかい。4，6，8，10，12は皆，偶数だろう。日本，文化，富士，朝日，東京，なんだこ

ブラック・ボックス

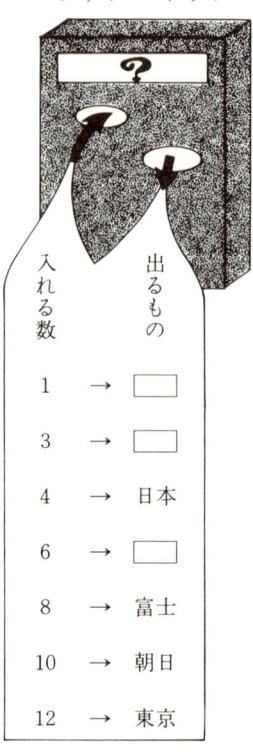

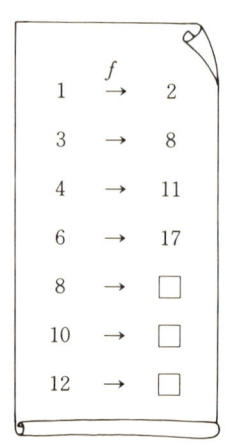

入れる数		出るもの
1	→	□
3	→	□
4	→	日本
6	→	□
8	→	富士
10	→	朝日
12	→	東京

	f	
1	→	2
3	→	8
4	→	11
6	→	17
8	→	□
10	→	□
12	→	□

9 数と計算が教える！

れは？

ぜんぜんルールがないじゃあないか。2人でお父さんをいじめてよろこんでるな。」

「はーい, 正解は……。東京地域のテレビのチャンネルでーす。」

「なんだ。くやしいね。」

ところであなたの地域ではテレビのチャンネル番号と放送局とはどんな関係ですか。あとで調べてみてください。

「よし, それではお返しだぞ。

左のチャンネルの下の数の表を見てごらん。

チャンネル番号を利用してお父さんが作ったものだけれど, 入れる数と出る数との間にどんな関係, ルールがあると思うかい。また, ルールがわかったら3つの□に当てはまる数を書き入れてごらん。」

澄子さんは早速方眼紙をもってきて, 右のようなグラフをかきました。

一方, 克己君は数の間の関係に目を向けて, 下のような表を作りました。

いずれも一定のルールがあるように見えますね。ここで, ルールを作ってみて下さい。

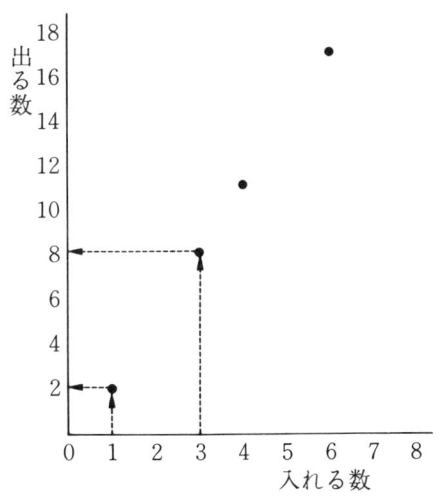

	1	2	3	4	5	6	7	8
対応する値	2	ー	8	11	ー	17	ー	
増加分		6	3	6		6		

「私のグラフからは，原点を通らない直線になるから，
　$y = ax + b$ という一次関数の関係のようね。」
「ぼくの方でいうと，入れる数が1つふえるについて，出る数が3ずつふえています。これは $y = 3x + b$ の形になるはずです。では，ここで b を求めてみます。
　右のように計算して関係の
式が得られました。
　ちょっと，確かめてみます。
　$x = 3$ のとき
　　$y = 3・3 - 1 = 8$
　$x = 4$ のとき
　　$y = 3・4 - 1 = 11$
　$x = 6$ のとき
　　$y = 3・6 - 1 = 17$

> $y = 3x + b$ で
> $x = 1$ のとき $y = 2$ だから
> これらを代入して
> $2 = 3・1 + b$
> 　よって $b = -1$
> 　ゆえに $y = 3x - 1$

正しい式でした。」
「澄子，この式を使って，x が8，10，12のときの y の値を求めてごらん。」
「はい，やってみます。

　　$x = 8$ のとき　　$y = 3・8 - 1 = 23$　　　　$y = 23$
　　$x = 10$ のとき　　$y = 3・10 - 1 = 29$　　　$y = 29$
　　$x = 12$ のとき　　$y = 3・12 - 1 = 35$　　　$y = 35$

これでいいんでしょう。
　比例，反比例，一次関数などは，動く数の組（ x ，y ）のルール探しや性質探し，ということなんですね。」
「そうだね。広く関数というのは，対応する2量で一方が変わるとそれにともなって他方も変わる，という動く数を対象にした"反数学"でもあったのだ。」

9 数と計算が教える！

「ともなって変わる2量でも関数関係でないものがあります。

人間の"身長と体重"がそれで，身長が変わるとそれにともなって体重も変わるでしょう。でも変化のルールはありません。また，関数のようにxの値をきめるとそれに対応してyの値も1つきまる，というようなふうでもありません。

こういう関係は何というのですか？」

「関数というのは，xの値に対してyの値がただ1つきまるという関係で，次の2つの場合だね。

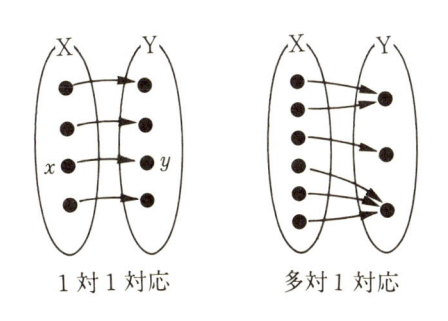

氏名	身　　長 （cm）	体　重 （kg）
A	151	46
B	151	50
C	152	46
D	152	47
E	152	48
F	153	47
G	153	48
H	153	49
I	154	47
J	154	48
K	154	49
L	154	50
M	155	48
N	155	49
O	155	50
P	155	52
Q	156	48
R	156	50
S	157	45
T	157	50
U	157	51
V	158	46
W	158	52
X	159	51

1対1対応　　多対1対応

右の表のような対応は上のどちらでもないだろう。

多対多の対応関係だ。これをグラフにすると，こんな図になる。

これを見てどんなことを考えるかい。

克己どう？」

「45°の直線というか，$y=x$ の直線近くに点が集まっています。

ということは，身長と体重には，深い関係があるということでしょう。

あっ，そうだ。相関関係がある，というんでしたね。」

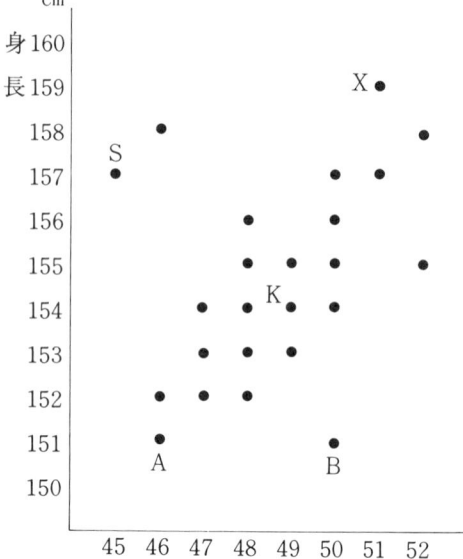

「そうだよ。例外もあるが全体の傾向として"身長が高いと体重が重い"，逆に言って，背の低い人は体重も軽い，ということが言えるのだ。

正の相関関係というね。」

「負の相関関係はどんな場合ですか？」

「魚や野菜が豊富になると価格が下がる，などがそうだよ。遊び時間がふえると，成績が下がる，なんてのもあるね。2つの変量の間に，なんの相関関係もない，というのもあるよ。」

負の相関関係　　　　相関関係なし

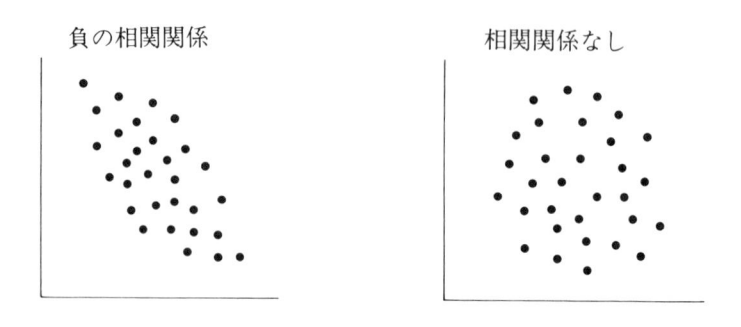

3　数と計算の図化

「数の対応関係を図で表わす，で急に思い出したけれど，どこかのお城の中庭に，大砲と弾の山の写真を見せてくれたでしょう。

あれなども，数を図で示す1つの例といえるのではないですか？」

「もう一度，別角度の写真を見てみよう。これを上から見ると，

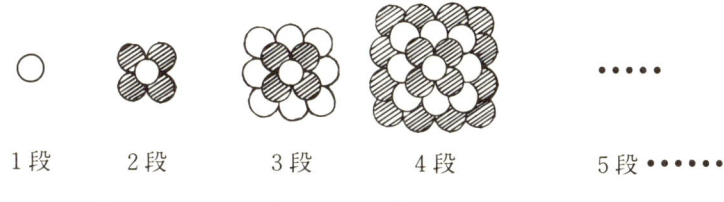

○　　　　　　　　　　　　　　　　　……

1段　　2段　　3段　　4段　　　　　5段 ……

となって，何かの数列になるだろう。

その意味では，澄子の数を図で表わすという着眼はなかなかいいよ。

古代ギリシアの大数学者ピタゴラス（B.C. 5世紀）は数を図で表わす研究の最初の人だった。

1を点●として，正三角形の形になる数を"三角数"と呼んだのだ。下のようだね。

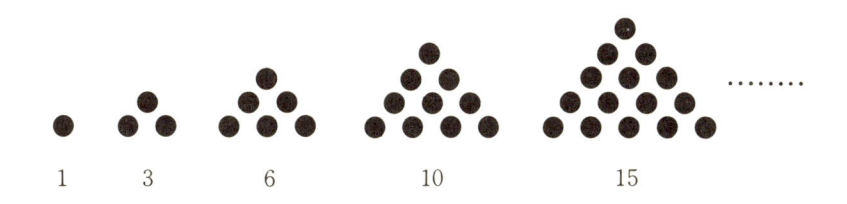

1　　3　　6　　　10　　　　15

また，正方形の形になる数を"四角数"と呼んだ。

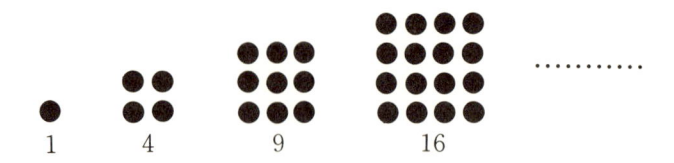

```
  •     • •     • • •     • • • •     ……
        • •     • • •     • • • •
                • • •     • • • •
                          • • • •
  1      4        9         16
```

　同じようにして，五角数，六角数などを考案した。」
　「なるほど。では弾を積んだ形は"四角錐数"ですね。おもしろい見方ですね。」
　「こういう"三角数"の和や"四角数"の和を，手早く計算で求める方法というのがありますか？」
　「もちろんあるよ。数のふえ方にどのようなルールがあるかを調べ，それを公式化していけばいいだろう。

　克己君，三角数，四角数それぞれについて小さい方から5番目までの和を求める工夫をしてごらん。」
　「まず三角数ですね。

前の数に2から始まって自然数を順に加えています。また、四角数は自然数の平方を加えています。」

(1)　1　+　3　+　6　+　10　+　15
　　　　 2　　 3　　 4　　　5　　ふえ方

(2)　1　+　4　+　9　+　16　+　25
　　＝1^2　+　2^2　+　3^2　+　4^2　+　5^2　（平方の和）

　「数列の和を求めるには，こうした数列のもつ特徴を発見すると，それから計算の公式が作り出せるね。
　有名な話だから知っているだろうが，19世紀のドイツの大数学者ガウス（彼はアルキメデス，ニュートンと並ぶ史上最高の

9 数と計算が教える！

数学者といわれている）が少年の頃，先生から"1から100までの和を求めよ"と出された問題を，即座に回答してビックリさせたという伝説があるね。

ガウス少年の計算方法は，1から順に加えていったのではなく，数列の特徴をとらえて工夫によって計算したのだ。いま，

$1+2+3+4+5$

を計算するのに，右図のように，ヒックリ返したものを加え，それぞれどの数も同じにしてあとで2でわったわけだ。見事な速算法だね。」

「計算も図で示すと，一目瞭然でわかりやすいわね。

奇数の和，

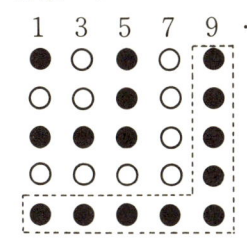

$1+3+5+7+9+\cdots\cdots$

も，右のような図で表わせます。

いま，9までの和といえば，四角数になるので，$5^2=25$と暗算で求められます。」

「いやいや，なかなか澄子もガウス的才能があるね。よく気がついた。数も計算も図で示せる，というのは素晴らしいことだろう。」

ガウス
K. Gauss
（1777〜1855）

$1+2+3+4+5$
$+)\ 5+4+3+2+1$
$6+6+6+6+6$
$(6\times 5)\div 2=15$

奇数の和
1 3 5 7 9 ……

「お父さん，中国や日本ではどうだったのですか？」

「いま，ちょうど研究中の中国の名著『算学啓蒙』(朱世傑，1299年)が手もとにあるから，この中のものを紹介しよう。

下巻の"堆積還源門"(門は章に当たる)にいろいろのタイプが出ているよ。下の文を見ながら話を聞いてくれ。

"茭草"というのは，枯れ草の束を積み重ねた形のもので，これは，

$$1+2+3+4+\cdots +n=\frac{n(n+1)}{2}$$

で計算されるものだね。

"圓箭"の箭とは矢のことで，矢の竹を束ねたものをいい，その断面を示すと右の下の図のようになる。これは，

$$1+6+12+18+\cdots +n$$

という計算になるね。

どれも農業から生まれた数学だ。

シュメール，バビロニア，エジプトなど古代文化民族の数学にはみな数列があるよ。」

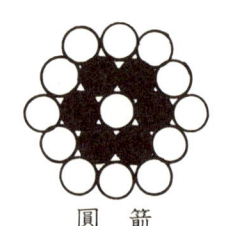

茭草

圓箭

本書は北京師範大学数学系白尚恕教授(数学史家)より寄贈のもの

「"方箭"というのは……。
"方"って正方形のことでしょう。すると，竹の束を断面で見ると正方形の形になっているものですね。

　右のようになるから，その数列の和は……，ええと，数えてみると，
　　4＋8＋12＋………
これでいいんでしょう。」

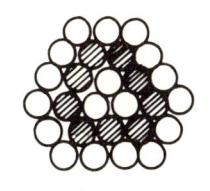

キッチリと並べられない

「方が正方形だ，というところまではいいが，澄子のいう通りに束にできるかナ。頭の中で考えるとできそうだけれど，これではすき間だらけのガタガタで，ひもでゆわくと正方形の形がくずれてしまうよ。

　方箭とはいうものの，中心が3本の多角形になってしまうのさ。

　この数列の和は，
　　3＋9＋15＋21＋………
となるね。」

方　箭

「『算学啓蒙』の文を見ると，外周がどうの，と書いてありますが，これは何ですか？」

「この本では，圓箭でも方箭でも内側から順に本数をだしていくのではなく，一番外側(つまり周)にある竹の本数を与えて，全体を求めさせているのだよ。

　左ページの次の問題を2人に考えてもらおうかね。

　(1)　圓箭で外周が54本　　(2)　方箭で外周が45本

それぞれの全本数を求めてごらん。」

「答に曰く，とあるじゃあない。(1)は271本，(2)は192本だってさ。」

「克己は相変わらず目ざといね。あとで計算の仕方が説明できるようにしておきなさい。

さて，次は"三角垜"だね。まず垜の語だけれど，どんな意味をもっているか知っているかい。」

「…………」

2人とも初めて見る字なので黙ってしまいました。

「日本では垜と書き，"あづち"と読むんだよ。

弓の道場に行くと，矢を防ぐ土壁があるが，そのことをいう。

三角垜は，

$1+(1+2)+(1+2+3)+\cdots\cdots$

で，これはちょうどピタゴラスの三角数と同じだね。

右が著者（的まで28m）

垜（あづち）

また四角垜は，

$1^2+2^2+3^2+4^2+\cdots\cdots$

で，四角数のことだ。」

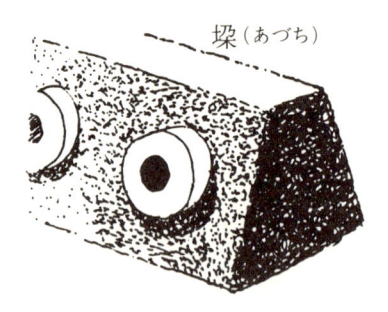

「古今東西，誰もがこういうことに関心をもつのですね。身近なことだからでしょうか。

当然，江戸時代の日本の数学にも影響を与えているのでしょう。」

「この13世紀の『算学啓蒙』を参考にして著作したものが15世紀の『算法統宗』（程大位，1593年），さらにこれが日本に輸入されてそれをモデルとして名著『塵劫記』（吉田光由，1627年）が出来たので，種々大きな影響を与えているね。

もっとも平安時代の数学書『口遊』（源為憲，970年）の中に

9　数と計算が教える！

竹束問題があるので，いっそう興味深いね。『塵劫記』では，三角数を杉算とか俵算とかよんでいるし，和算では数列の和の研究を"垜術"といっている。ここでは相当高級なレベルに達している。

三角数，四角数といけば，次は立体になって，三角錐数，四角錐数となるね。

「三角錐数というのを各段毎に見ると三角数の数列の和になっているんですね。

いま，各段を離した図にしてみると右のようですが，上から，

　　1，3，6，10，………

となっているので，もし5段の三角錐だと，

　　1＋3＋6＋10＋15＝35

35個の球があることになります。」

「上手な数え方を考えたね。それでいいだろう。

計算の工夫というのは，全体的に見るだけでなく分解したり，部分的に見たりすることも必要だ。

ところで，お月見では，三宝におだんごを四角錐形にのせるだろう。

こんな生活的なところからも，数学を生み出すものがあるね。

四角錐数の総数はどうやって数えたらいいかな？」

杉の木の形に似ているから杉算

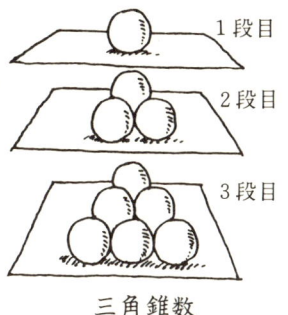

1段目
2段目
3段目

三角錐数

「計算を図で考えていくことを調べてきましたが，もっと別の方法もあるんでしょうか？」

澄子さんはできるだけ計算で手を抜くことをしたいと思っているので，こんな質問をしました。

「計算図表などはその1つだね。

2数の平均，たとえば数学のテスト2回の平均点など出すとき，クラス全員のをコツコツ計算するのは大変だろう。

ところが右のような計算図表を使うと，定木1本を当てるだけで平均点が求められる。右では第1回が50点，第2回が70点の人の平均点の求め方だよ。

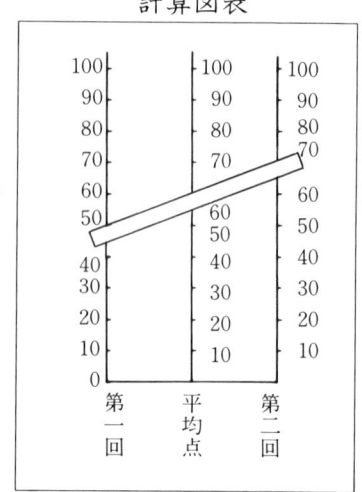

右の変わった計算図表は，
$$\frac{1}{a}+\frac{1}{b}=\frac{1}{c}$$
になるもので，おもしろいから作って確かめてごらん。また利用法も考えてみよう。

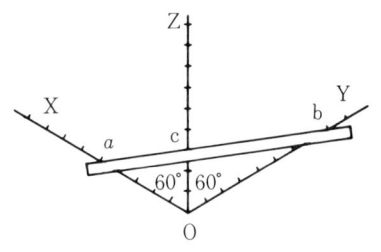

単位の換算も図表でできるね。摂氏（C）の温度を華氏（F）に換算したり，その逆をするとき，定木1本で片付けられる。

関係式が $F=\frac{9}{5}C+32$ だから，この一次関数のグラフを用いればいい。」

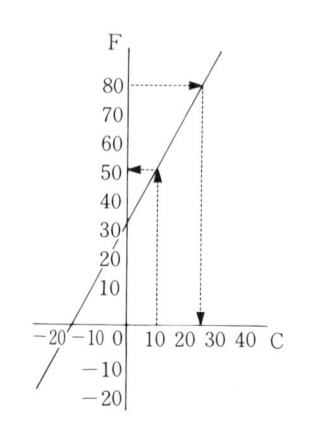

9 数と計算が教える！

「計算を一般の人々が自由にこなせるようになったきっかけは，"ネピア・ボーン"だと何かの本で読んだのですが，この"ネピア・ボーン"とは何ですか？」

「ある意味では計算図表，ある意味では計算器具といえるもので，当時大変難しかったかけ算を，やさしくできるようにしたものだね。

ネピアとは数学者の名だが，イギリスの貴族でアーキストン城で生まれ，8代目の城主さ。若くして数学，天文学を志し，イタリア，ドイツ，フランスで勉強した後，自分の城にもどって数学の研究をしたが，桁数の多い数の四則計算や対数に興味をもっていた。その中で考案したのが計算棒を用いた計算方法で，これをまとめて著書『棒計算術』(1617年)を発刊した。

その原理は，14世紀にかかれた算術書の"鎧戸法"(格子かけ算，P.139)にもとづいている。

ボーンとは骨，ネピア・ロッドともいわれているよ。」

上から必要なものを抜き出し，それを並べて右のように
274 × 38
の計算をする。

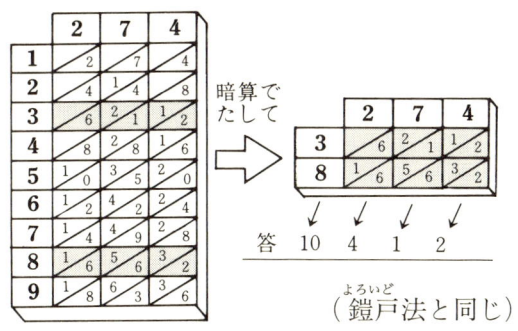

暗算でたして

答 10 4 1 2

（鎧戸法と同じ）

4　美しく楽しい計算

「さて，"計算"の話の締めくくりとして，計算がめんどうでいやな面だけでなく，美しく，楽しく，あるいはふしぎな面もあることを紹介することにしようね。

タイプ1

$1 \times 1 = 1$　だが　11×11, 111×111 はどうなる？

まず結果を予想し，次に計算してみてごらん。」

「どんな答になるのかな。1ばかり並ぶのかも知れない。計算もやってみよっと！

```
      1 1           1 1 1      ついでに，   1 1 1 1
    × 1 1         × 1 1 1               × 1 1 1 1
    ─────         ───────               ─────────
      1 1           1 1 1                 1 1 1 1
    1 1           1 1 1                 1 1 1 1
    ─────         1 1 1                 1 1 1 1
    1 2 1         ───────               1 1 1 1
                  1 2 3 2 1             ─────────────
                                        1 2 3 4 3 2 1
```

あらっ，1ばかりと思ったらそうでなかったわ。」

「1が4つのかけ算では，答の真中が4で，その左右が対称なのですね。するとあとは計算しなくても出来ます。

　　　11111×11111　　　$=$　　　123454321
　　111111×111111　　$=$　　12345654321
　1111111×1111111　$=$　1234567654321
　11111111×11111111　$=$　123456787654321
$111111111 \times 111111111 = 12345678987654321$

さて，1が10個ずつのときの答はどうなるのかな？」

「さて，どうなるだろうか。自然界は，また数の世界でもひとつのリズムがあるから，きれいに進んでいくが，あるところから調子がくるってくる場合もあるね。

1が10個並ぶという話が出たので，次のタイプをとり上げることにしよう。

タイプ2

1〜9の数字の並びで8を除いた数に9をかけると，
　　12345679×9＝111111111
となる。
　　12345679×18 の結果はどうなる？

「私はともかく腕力で計算してみます。

$$\begin{array}{r} 12345679 \\ \times\ \ \ \ \ \ \ \ \ \ 18 \\ \hline 98765432\ \ \\ 12345679\ \ \ \ \ \\ \hline 222222222 \end{array}$$

あら！ 2が9個の行列になったわ。なんでこんなにきれいに並ぶのかしら。」

澄子さんは不思議そうにもう一度計算を確かめています。

「これは不思議でもなんでもないよ。」

といって克己君は次のように説明しました。

$12345679 \times 18 = 12345679 \times (9 \times 2)$
　　　　　　　　　$= 111111111 \times 2$

このことから，

　　$12345679 \times 27 = 333333333$
　　$12345679 \times 36 = 444444444$

すると，次のことがいえるかな？

　　$12345679 \times (9 \times n) = nnnnnnnnn$ ？

「同じ数字が並ぶことの不思議さもあるが，"8"を除いていることや，9の倍数をかけていることの不思議さの方がもっと大きいだろう。
　9という数の不思議さは，以前『九去法』(P.58～60)でも説明したね。
　余談だが，768×999など暗算で答が出せる。その方法は，
　　768×999＝768×(1000－1)＝768000－768
　　　　　　＝767232
どうだ簡単だろう。
　脱線してしまったが，類題をもう1つだそう。

---- **タイプ3** ----
　0×9＋1＝1　だが　1×9＋2はいくつか，また，
　12×9＋3，123×9＋4　はどうか？

　a×9＋(a＋1)のタイプの計算だが，これもリズムがあるだろうか，ではやってごらん。」

　「こういう単純計算は　　　0×9＋1＝1
私にまかせてね。　　　　　1×9＋2＝11
　…………………　　　　12×9＋3＝111
　ルールがわかったわ。　123×9＋4＝1111
最後にたす数だけ　　　1234×9＋5＝11111
1が並ぶん　　　　　12345×9＋6＝111111
だワ。」　　　　　123456×9＋7＝1111111
今度は　　　　　1234567×9＋8＝11111111
8も仲　　　　　12345678×9＋9＝111111111
間入り　　　　123456789×9＋10＝？
です。

184

9 数と計算が教える！

「いまの計算の式と似たもので変わったものがあるんだよ。

123456789×8＋9

これを計算してごらん。」

「どうなるのかしら、やってみます。

‥‥‥‥‥‥

あらっ、かけられる数と数字の並びが逆になったわ。どうしてかしら。」

```
     1 2 3 4 5 6 7 8 9
  ×                 8
  ─────────────────────
     9 8 7 6 5 4 3 1 2
  +                 9
  ─────────────────────
     9 8 7 6 5 4 3 2 1
```

--- **タイプ 4** ---

142857 に、順に1，3，2，6，4，5をかけ、その結果をくらべよ。

「今度はぼくが計算します。答に問題の秘密があるんですね。

‥‥‥‥‥‥

不思議だなー。

答の上位の数字が次々移動している。

どうしてだろう？」

「1，3，2，6，4，5，が堂々めぐりしているようだね。

この疑問を解くカギが2つある。」

$142857 \times 1 = 142857$

$142857 \times 3 = 428571$

$142857 \times 2 = 285714$

$142857 \times 6 = 857142$

$142857 \times 4 = 571428$

$142857 \times 5 = 714285$

(1) 142857×7を計算せよ。

(2) 堂々めぐりのものを数の中から探せ。

「だんだん探偵物になってきたわね。私は(1)をやるから，お兄さんは(2)を考えてちょうだい。」

そういって澄子さんは右のように計算しました。

「どうだい。おもしろい答になっただろう。

またまた9の登場だね。

商売繁じょうというところさ。

ここで7や$\frac{1}{7}$という数に目をつけてみることが大切！」

「お父さんのいう(2)の堂々めぐりというのは循環小数のことなんですね。

$\frac{1}{7} = 0.\overline{142857}14285714\cdots\cdots$

$\frac{1}{7}$が循環小数になるのは，その余りが，3，2，6，4，5，1 となり，7でわるからこれ以上の余りがないのでもとにもどる，ということですね。

7余る，というのはわり切れることだから……。

アッ！ そうか——」

克己君が説明をしながら，突然大きな声を出しました。

「1，3，2，6，4，5 を順にかけたのは，これが7でわったときの余りの順だし，かけられる数142857は循環する数だったのですね。これで不思議のなぞが解けた。」

```
      142857
  ×        7
      999999
```

これは

$$\frac{142857}{999999} = \frac{1}{7}$$

$\frac{1}{7}$を小数にすると

```
        0.142857
   7 )1 0
        7
        3 0
        2 8
          2 0
          1 4
            6 0
            5 6
              4 0
              3 5
                5 0
                4 9
                  1
```

9 数と計算が教える！

> **タイプ5**
> 次の (1), (2) の等式が成り立つか調べよ。
> (1)　$12 \times 4032 = 2304 \times 21$
> (2)　$17^2 + 84^2 = 48^2 + 71^2$

「次に，少し変わった計算を3つとりあげることにしよう。

上のがその第1番目だよ。等号を対称の軸にして左右が対称になっているのがおもしろいだろう。

おもしろいだけなら，いくらでも作れる。計算上成り立たなくてはいけないから，2人で確かめてくれ。

(1) は澄子， (2) は克己の担当だよ。」

(1)の場合

```
   左辺              右辺
      1 2              2 3 0 4
   × 4 0 3 2         ×     2 1
   ─────────         ─────────
      2 4              2 3 0 4
      3 6              4 6 0 8
      4 8 0          ─────────
   ─────────           4 8 3 8 4
      4 8 3 8 4
```

(2)の場合

　　左辺 $= 17^2 + 84^2 = 289 + 7056 = 7345$
　　右辺 $= 48^2 + 71^2 = 2304 + 5041 = 7345$

どちらも成り立つ。

「では類題を出すから計算して確かめてごらん。
(3)　$132 \times 2121 = 1212 \times 231$
(4)　$26^2 + 97^2 = 79^2 + 62^2$

自分でも作ってみるといいね。」

---- タイプ6 ----

$\dfrac{26}{65}$ の約分で，$\dfrac{2\cancel{6}}{\cancel{6}5}$ のように 6 を約して $\dfrac{2}{5}$ と答を出した。答は正しいか？ また，これに似た分数を探し出せ。

「なーに！ この約分の仕方は。これで片付けられるのなら約分もずいぶんらくだわ。

当然答はまちがっていると思うけれど……。

あらっ。あっているわね。

本当にほかにもあるんですか？」

「いくらでも作れるよ。

たとえば，右のようなのがある。

$\dfrac{2\cancel{6}}{\cancel{6}5}\dfrac{2}{5}\ \xrightarrow{\ 13で約して\ }\ \dfrac{2}{5}$

$\dfrac{1\cancel{9}}{\cancel{9}5}=\dfrac{1}{5}$ ， $\dfrac{4\cancel{9}}{\cancel{9}8}=\dfrac{4}{8}$

克己，一般問題として考えてごらん。」

「はい，文字を使ってやるのでしょう。

一般形は， $\dfrac{10x+z}{10z+y}=\dfrac{x}{y}$ だから，これを変形して y について解くと，

$y(10x+z)=x(10z+y)$

$10xy+yz=10xz+xy$

$9xy+yz=10xz$

よって， $y=\dfrac{10xz}{9x+z}$

この式で，$x=1,2,3,4,\cdots\cdots$ のときを調べます。

$$y = \frac{10xz}{9x + z}$$

で，x, y, z, の値を求めて，

$$\frac{10x + z}{10z + y} = \frac{x}{y}$$

に代入して，変な分数を作る。

お父さん，計算ができました。この表がそれですが，

$$\frac{11}{11}, \frac{22}{22}, \frac{33}{33} \cdots\cdots$$

などはちょっとつまらないですね。

x, y, z は正の整数だから，まだ求められます。」

x の値	z の正の整数値	y の値	できる分数
1	1	1	$\frac{11}{11}$
	6	4	$\boxed{\frac{16}{64}}$
	9	5	$\boxed{\frac{19}{95}}$
2	2	2	$\frac{22}{22}$
	6	5	$\boxed{\frac{26}{65}}$
3	3	3	$\frac{33}{33}$
4	4	4	$\frac{44}{44}$
	9	8	$\boxed{\frac{49}{98}}$
5	5	5	$\frac{55}{55}$
6	6	6	$\frac{66}{66}$

「公式というのはすごい威力だろう。

いくらでも作れるわけだね。

これを，数を適当にあてがいながらの試行錯誤でやったら，なかなか作り出せるものではない。

似たもので，計算に関するものをとりあげるから，また一般的に解いてごらん。」

タイプ 7

$4 + 1\dfrac{1}{3} = 4 \times 1\dfrac{1}{3}$ のように,同じ 2 数で和と積の結果が等しいものがある。ほかにどんなものがあるか？

「私の勘では,

$a + 1\dfrac{1}{a-1} = a \times 1\dfrac{1}{a-1}$

という形,たとえば右のようなものが,全部成り立つのではないんですか？」

$5 + 1\dfrac{1}{4} = 5 \times 1\dfrac{1}{4}$

$6 + 1\dfrac{1}{5} = 6 \times 1\dfrac{1}{5}$

$7 \times 1\dfrac{1}{6} = 7 \times 1\dfrac{1}{6}$

「澄子はずいぶん乱暴な勘を働かせるね。

これが正しいか,克己,文字 m, n を使って証明してごらん。」

克己君が計算をはじめました。

いま,2 数を m, n (正の整数) とすると,その和と積とが等しいので次の式が成り立つ。これを変形し,

$\quad m + n = mn$ ………(1)

$\quad n = mn - m$ より $n = m(n-1)$

$\therefore\ m = \dfrac{n}{n-1}$ $\left[\begin{array}{l}\dfrac{n}{n-1} = \dfrac{n-1+1}{n-1} = \dfrac{(n-1)+1}{n-1} \\ = \dfrac{n-1}{n-1} + \dfrac{1}{n-1} = 1 + \dfrac{1}{n-1} \\ \text{だから}\end{array}\right.$

$m = 1 + \dfrac{1}{n-1}$

これを(1)に代入して $\quad n + \left(1 + \dfrac{1}{n-1}\right) = n \times \left(1 + \dfrac{1}{n-1}\right)$

9 数と計算が教える！

タイプ8

次の計算をして，その結果がおよそいくらかを求めよ。

(1) $\dfrac{1}{1} + \dfrac{1}{2} + \dfrac{1}{4} + \dfrac{1}{8} + \dfrac{1}{16} + \dfrac{1}{32} + \cdots\cdots$

(2) $\dfrac{1}{1} - \dfrac{1}{3} + \dfrac{1}{5} - \dfrac{1}{7} + \dfrac{1}{9} - \dfrac{1}{11} + \cdots\cdots$

(3) $\dfrac{1}{0!} + \dfrac{1}{1!} + \dfrac{1}{2!} + \dfrac{1}{3!} + \dfrac{1}{4!} + \dfrac{1}{5!} + \cdots\cdots$

「さーて，いよいよ大詰めだ。だからちょっと大変な計算をしてもらうよ。(1)は澄子，(2)，(3)は克己にやってもらおう。」

「ハーイ。がんばってみます。」

2人は張り切って計算を始めました。

(1) 6番目までの分数をたすと，

$$\dfrac{32}{32} + \dfrac{16}{32} + \dfrac{8}{32} + \dfrac{4}{32} + \dfrac{2}{32} + \dfrac{1}{32} = \dfrac{32}{32} + \dfrac{31}{32}$$

$= 1\dfrac{31}{32}$，2に近いことがわかる。

ここで右の図を考えると，

$\dfrac{1}{2} + \dfrac{1}{4} + \dfrac{1}{8} + \dfrac{1}{16} + \cdots\cdots = 1$

であることがわかり，答は2。

(2) 3，5，7，9，11の最小公倍数は，3465だから，(2)の式は，

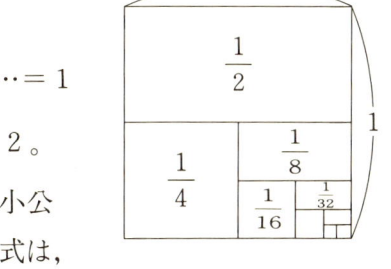

$\dfrac{3465}{3465} - \dfrac{1155}{3465} + \dfrac{693}{3465} - \dfrac{495}{3465} + \dfrac{385}{3465} - \dfrac{315}{3465}$

$= \dfrac{1}{3465}\left\{(3465+693+385) - (1155-495-315)\right\}$

$= \dfrac{1}{3465}(4543-1965) = \dfrac{2578}{3465} \fallingdotseq \underline{0.75}$

実は(2)の式は $\frac{\pi}{4}$ で，$\frac{\pi}{4} \doteq 0.7854$。
もっとたくさん計算すると，$\frac{\pi}{4}$ にどんどん近づく。

(3) ！（階乗）は，その数までの正の整数をかけることで，
0！＝1，　1！＝1，　2！＝2×1＝2，
3！＝3×2×1＝6，　だから，(3)の式は，

$$\frac{1}{1}+\frac{1}{1}+\frac{1}{2}+\frac{1}{6}+\frac{1}{24}+\frac{1}{120}$$
$$=2+\frac{60}{120}+\frac{20}{120}+\frac{5}{120}+\frac{1}{120}$$
$$=2+\frac{86}{120}\doteq 2.7166\cdots\cdots\cdots$$

実はこの(3)は，e（2.718281……）という数を表わす式。e は高校3年で学ぶ数学上の大事な数である。

♪♪♪♪♪ できるかな？ ♪♪♪♪♪

$S = 1-2+4-8+16-32+64-$ ……… の答は次の3つがある。いったい，どれが正しいか？

(1) （1－2）＋（4－8）＋（16－32）＋…………
＝（－1）＋（－4）＋（－16）＋…………＝－∞

(2) 1－（2－4）－（8－16）－（32－64）－……
＝1－（－2）－（－8）－（－32）－…………
＝1＋2＋8＋32＋…………………………＝＋∞

(3) $S = 1-(2-4+8-16+\cdots\cdots)$
$S = 1-2(1-2+4-8+\cdots\cdots)$
$S = 1-2S$
∴ $3S = 1$ 　　　　　　　よって $S = \frac{1}{3}$

"できるかな？"などの解答

1 数と計算 （27ページ）

$4+4-4-4 = 0$
$4\div4-(4-4) = 1$
$4\div4+4\div4 = 2$
$(4+4+4)\div4 = 3$
$4+(4-4)\times4 = 4$
$(4\times4+4)\div4 = 5$
$(4+4)\div4+4 = 6$
$44\div4-4 = 7$
$(4+4+4)-4 = 8$
$4+4+(4\div4) = 9$
$(44-4)\div4 = 10$
$(4\div.4)+(4\div4) = 11$
$(44+4)\div4 = 12$
$(4-.4)\div.4+4 = 13$
$4+4+4+\sqrt{4} = 14$
$44\div4+4 = 15$
$4+4+4+4 = 16$
$4\times4+4\div4 = 17$
$4\div.4+4+4 = 18$
$(4+4-.4)\div.4 = 19$
$(4+4\div4)\times4 = 20$
$(4.4+4)\div.4 = 21$
$(44\times\sqrt{4})\div4 = 22$
$(4!\times4-4)\div4 = 23$
$4\times4+4+4 = 24$
$4\times4+(4\div.\dot{4}) = 25$

2 《十字軍》と計算の必要 （44ページ）

(1) 1回折ると2mm, 2回折ると4mm（2^2mm）
3回折ると8mm（2^3mm）だから，
22回折ると2^{22}mm。これを計算すると，
$2^{22}=4194304$（mm）
これは約4200mなので，富士山（3776m）より高い。

(2) 円板が, 1枚のとき　1回
　　　　　　2枚のとき　3回
　　　　　　3枚のとき　7回
　　　　　　4枚のとき　15回

だから, これをまとめて表にし, 回数のルールをまとめると,
n 回のとき (2^n-1) であることがわかる。
これから, 64枚のときは,
$(2^{64}-1)$ 回
となる。これを計算すると,
18446744073709551615

回数＼枚	回	簡便式
1	1	2^1-1
2	3	2^2-1
3	7	2^3-1
4	15	2^4-1
5	31	2^5-1
63	—	$2^{63}-1$
64	—	$2^{64}-1$

いま, 円板1枚を移動するのに1秒とすると, 1年間は,
　60秒×60×24×360＝31536000秒
これより, $(1.8\times 10^{19})\div(3.2\times 10^7) = 6\times 10^{11}$　　6000億年

3　インド式計算の輸入　(60, 66ページ)

〔九去法〕

(1)
```
    51283  …… 1
    10726  …… 7
    98412  …… 6
  + 43067  ……+2
   203488    16
              ⋮
            25…7＝7
```

(2)
```
    84021  ……… 6
  - 56342  ……-2
   27679      4
       ⋱    ∥
        4
```

(3)
```
     368  ……… 8
   ×  75  ……×3
    1840     24
    2576      ⋮
   27600 … 6 ∥ 6
```

(4)
```
           25  …… 7
   526) 13150  …… 1
    ⋮    1052      ∥
   13     2630      1
    ⋮     2630
    4        0    4×7＝28
```

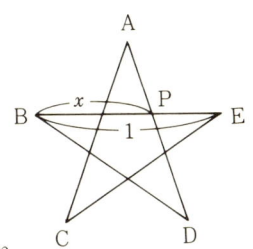

"できるかな？"などの解答

BP²＝BE・EP より
$$x^2 = 1 \cdot (1-x)$$
$$x^2 = 1-x$$
よって
$$x^2 + x - 1 = 0$$

二次方程式の解の公式(P.118)により，
$$x = \frac{-1 \pm \sqrt{(-1)^2 - 4 \cdot 1 \cdot (-1)}}{2}$$
$$= \frac{-1 \pm \sqrt{5}}{2} \quad (\sqrt{5} = 2.236\cdots\cdots，長さは正だから)$$
$$x = \frac{-1 + 2.236}{2} \fallingdotseq 0.618 \cdots\cdots$$

よって分割点Pは約 6：4

4　ルネサンスと数学　（79ページ）

上から見ると右図のようになる。
段階毎に数えると 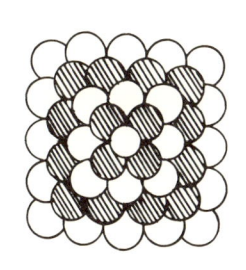
1段目　　1
2段目　　4
3段目　　9
4段目　　16
5段目　　25
　　　　―――（＋
　　　　55

55個

5　大航海時代の計算師　（102ページ）

(2)　$\frac{2}{7} + \frac{3}{7}$ は $\left(\frac{1}{7} + \frac{1}{7}\right) + \left(\frac{1}{7} + \frac{1}{7} + \frac{1}{7}\right)$ なので $\frac{5}{7}$ つま

り $\dfrac{2+3}{7}$ と考えて $\dfrac{5}{7}$ としてよい。一方かけ算では
$\dfrac{2}{7} \times \dfrac{3}{7}$ を (縦)×(横)=(面積)
と見て，右の図のように考えると
$\dfrac{2}{7} \times \dfrac{3}{7} = \dfrac{2\times 3}{7\times 7} = \dfrac{6}{49}$
となる。

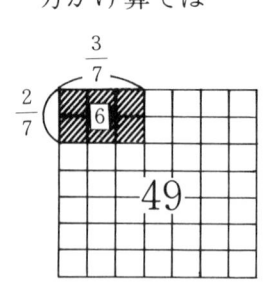

(3) $\dfrac{2}{5} \div \dfrac{3}{4} = \dfrac{2}{5} \times \dfrac{4}{3}$ の説明は次のいろいろな方法がある。

① $\dfrac{2}{5} \div (3 \div 4) = \dfrac{2}{5\times 3} \times 4 = \dfrac{2\times 4}{5\times 3}$

② $\dfrac{2}{5} \div \dfrac{3}{4} \times \underbrace{\left(\dfrac{3}{4} \times \dfrac{4}{3}\right)}_{1} = \dfrac{2}{5} \underbrace{\left(\div \dfrac{4}{3} \times \dfrac{3}{4}\right)}_{1} \times \dfrac{4}{3} = \dfrac{2}{5} \times \dfrac{4}{3}$

③ $\dfrac{2}{5} \div \dfrac{3}{4} = \dfrac{8}{20} \div \dfrac{15}{20} = 8 \div 15 = \dfrac{8}{15} = \dfrac{2\times 4}{5\times 3}$

(4) $(-4)\times(-5)=(+20)$ は(借金)×(借金)=(財産)
と考えてはおかしい。裏返してもう一度裏返すと表になる，
というのも，もっともらしいが説得力に欠ける。

$(-)\times(-)=(+)$ の説明はたくさんあるが，そのうち
2，3を紹介しよう。

①累　増　　　　　　　　　②矛盾を示す

$(-4)\times(+2)=-8$ ⎫　　　$(+4)\times(+5)=+20$
$(-4)\times(+1)=-4$ ⎬ 4ふえる　$(-4)\times(+5)=-20$
$(-4)\times\ \ 0\ \ =\ \ 0$ ⎬　　　$(+4)\times(-5)=-20$
$(-4)\times(-1)=\ \ 4$ ⎬　　いま，$(-4)\times(-5)=-20$
　……………………… ⎬　　とすると上の2式と矛
$(-4)\times(-5)=\ 20$ ⎭　　盾する。よって$(+20)$

③論理

$(-4) \times 0 = 0$

$(-4) \times \{\underbrace{(+5) + (-5)}_{0}\} = 0$　分配法則により

$\underbrace{(-4) \times (+5)}_{-20} + \underbrace{(-4) \times (-5)}_{+20でないと困る。} = 0$

∴　$(-4) \times (-5) = (+20)$

④日常生活

ある人が時速4kmで歩いているとき，ある地点から3時間後では，

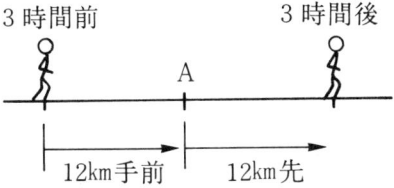

$(+4) \times (+3)$

と表わせる。

3時間前は $(+4) \times (-3) = -12$，12km手前。

ここで，反対の方向に歩いたときのいまから3時間前は $(-4) \times (-3)$ となり，これはある地点の12km先にいるので $(+12)$ とする。

6　《方程式》のオリンピック　（130ページ）

A (6, 0)　　$a = 2.5 \times 6 + 2 \times 0 = 15$　　15万円
P (5, 3)　　$a = 2.5 \times 5 + 2 \times 3 = 18.5$　　18.5万円
Q (2, 5)　　$a = 2.5 \times 2 + 2 \times 5 = 15$　　15万円
B (0, 6)　　$a = 2.5 \times 0 + 2 \times 6 = 12$　　12万円

以上から，18.5万円が最高で，これは絹織物を5t，毛織物を3t作ったときの利益が最高になる。

五次方程式の一般解は「代数的」（$+$, $-$, $\times$, $\div$, $\sqrt{\ }$ の演算）にはできないことが19世紀にアーベル，ガロアらが証明した。（P.120のこと）

7 記号と数学の発展（142ページ）

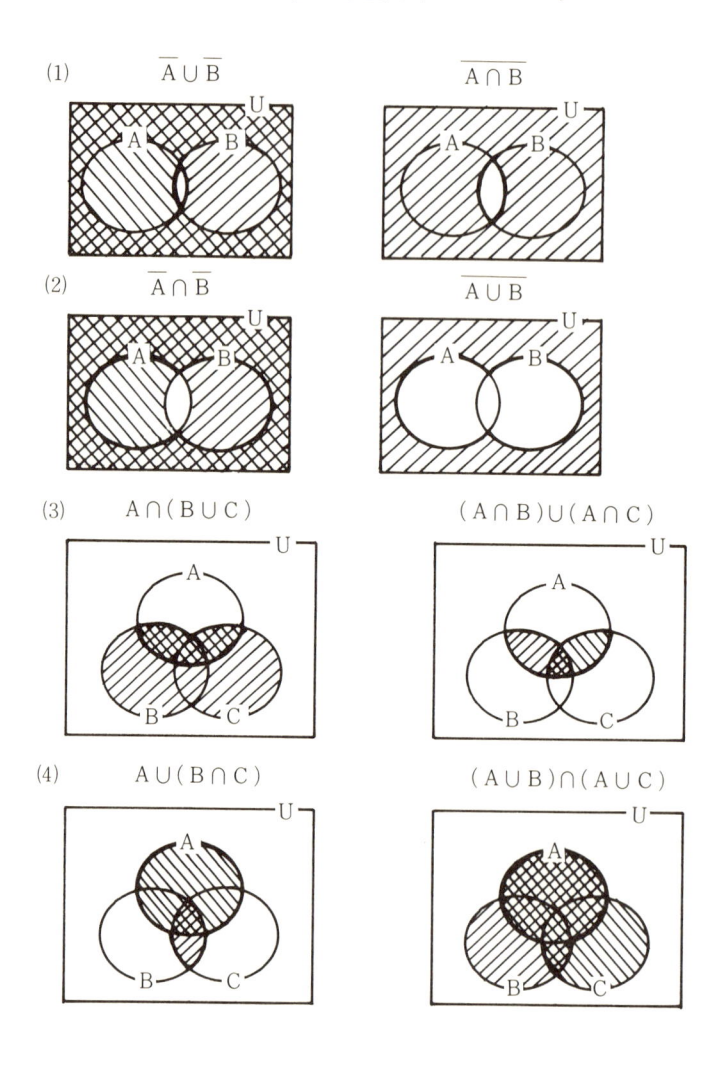

(1) $\overline{A \cup B}$　　　$\overline{A} \cap \overline{B}$

(2) $\overline{A} \cap \overline{B}$　　　$\overline{A \cup B}$

(3) $A \cap (B \cup C)$　　　$(A \cap B) \cup (A \cap C)$

(4) $A \cup (B \cap C)$　　　$(A \cup B) \cap (A \cup C)$

8 賭博師の計算—確率　（162ページ）

(1) 澄子式，全部買ったとすると
$$\overset{円}{10000} \times 2 + \overset{円}{5000} \times 10 + \overset{円}{1000} \times 20 + \overset{円}{500} \times 50 + \overset{円}{100} \times 1000$$

＝215000円

これを1082枚でわると1枚の平均の値が出る。

215000円÷1082＝198.7円………1枚の期待値

よって 200円では損。

克己式，それぞれの確率を利用すると

10000円$\times \dfrac{2}{1082} + 5000$円$\times \dfrac{10}{1082} + 1000$円$\times \dfrac{20}{1082}$

$+ 500$円$\times \dfrac{50}{1082} + 100$円$\times \dfrac{1000}{1082} \fallingdotseq 198.7$円

(2) 賞金合計は同じで，本数が1000本ふえたので，

215000円÷2082≒103.3円

104円以上なら「くじ屋」は損をしない。

9 数と計算が教える！ （192ページ）

3つのどれも正しくない。

無限の数の和を求めるときは，有限のときと同じように（ ）でくくったり，答があるとしてその答をSとおいたりしてはいけない。この計算では答がない。

（参考）無限の数の和には次の3種類がある。

① 極限が"収束"し，ある一定の値になるもの。

$$\dfrac{1}{2} + \dfrac{1}{4} + \dfrac{1}{8} + \dfrac{1}{16} + \dfrac{1}{32} + \cdots\cdots\cdots = 2$$

② "発散"して答がないもの。

$1 + 2 + 3 + 4 + 5 + 6 + \cdots\cdots\cdots$

③ "振動"して値が定まらないもの。

$1 - 2 + 4 - 8 + 16 - 32 + \cdots\cdots\cdots$

著者紹介

仲田紀夫

1925年東京に生まれる。
東京高等師範学校数学科，東京教育大学教育学科卒業。（いずれも現在筑波大学）
（元）東京大学教育学部附属中学・高校教諭，東京大学・筑波大学・電気通信大学各講師。
（前）埼玉大学教育学部教授，埼玉大学附属中学校校長。
（現）『社会数学』学者，数学旅行作家として活躍。「日本数学教育学会」名誉会員。
「日本数学教育学会」会誌（11年間），学研「みどりのなかま」，JTB広報誌などに旅行記を連載。

NHK教育テレビ「中学生の数学」（25年間），NHK総合テレビ「どんなもんだいQテレビ」（1年半），「ひるのプレゼント」（1週間），文化放送ラジオ「数学ジョッキー」（半年間），NHK『ラジオ談話室』（5日間），『ラジオ深夜便』「こころの時代」（2回）などに出演。1988年中国・北京で講演，2005年ギリシア・アテネの私立中学校で授業する。

主な著書：『おもしろい確率』（日本実業出版社），『人間社会と数学』Ⅰ・Ⅱ（法政大学出版局），正・続『数学物語』（NHK出版），『数学トリック』『無限の不思議』『マンガおはなし数学史』『算数パズル「出しっこ問題」』（講談社），『ひらめきパズル』上・下『数学ロマン紀行』1～3（日科技連），『数学のドレミファ』1～10『数学ミステリー』1～5『おもしろ社会数学』1～5『パズルで学ぶ21世紀の常識数学』1～3『授業で教えて欲しかった数学』1～5『ボケ防止と"知的能力向上"！ 数学快楽パズル』（黎明書房），『数学ルーツ探訪シリーズ』全8巻（東宛社），『頭がやわらかくなる数学歳時記』『読むだけで頭がよくなる数のパズル』（三笠書房）他。
上記の内，40冊余が韓国，中国，台湾，香港，フランスなどで翻訳。

趣味は剣道（7段），弓道（2段），草月流華道（1級師範），尺八道（都山流・明暗流），墨絵。

ピサの斜塔で数学しよう―イタリア「計算」なんでも旅行―

2006年8月20日　初版発行

著　者	仲　田　紀　夫
発行者	武　馬　久仁裕
印　刷	株式会社　太洋社
製　本	株式会社　太洋社

発　行　所　　　株式会社　黎明書房

〒460-0002 名古屋市中区丸の内3-6-27 EBSビル ☎052-962-3045
FAX052-951-9065　振替・00880-1-59001
〒101-0051 東京連絡所・千代田区神田神保町1-32-2
南部ビル302号　☎03-3268-3470

落丁本・乱丁本はお取替します。　　　　　　　ISBN4-654-00932-9

©N.Nakada 2006, Printed in Japan

FOUR NINE'S

　　1859年イギリスの数学者ホェーウェル博士が,「1から15までの数を,4個の9で表わすことができる」と発表しました。それ以後『ホェーウェル博士のパズル』といいますが,一般的には four nine's といいます。
　　本文27ページの four four's は,54年後に同じイギリスのローズ・ボールによって考案されたのです。
　　four nine's をやってみましょう。

$$9+9-9-9=0$$
$$9\div9-9+9=1$$
$$9\div9+9\div9=2$$
$$(9+9+9)\div9=3$$
$$9\div\sqrt{9}+9\div9=4$$

鍵
$\sqrt{9}=3$
$\sqrt{9}!=3!=3\times2\times1=6$
$.9=\dfrac{9}{10}$
$.\dot{9}=0.9999\cdots=\dfrac{9}{9}=1$
など用いてよい。

小 町 算

　　小野小町は絶世の美人として知られています。数学でも美しい計算について,"小町算"の名がつけられています。
　　下の計算式がそれですが,1〜9の数字の並びに+,-の演算記号を入れて,ちょうど100を作る数学パズルです。
　　小町算をやってみましょう。

$$1+2+3-4+5+6+78+9=100$$
$$1+23-4+5+6+78-9=100$$
$$12+3+4+5-6-7+89=100$$
$$123+45-67+8-9=100$$